U0041096

文化的力量
REV.
改變全世界

Global Girlfriends

how one mom made it
her business to help women
in poverty worldwide

窮人村的

姊妹創業家

Stacey Edgar

史黛西・艾德格 著

鍾玉玨 譯

一個母親的全球脫貧事業

名人推薦語

王靖宜（地球樹創辦人）

在公平貿易的世界裡，總是充滿了許多良善的情懷。從作者美好的創業初衷，以及身旁支持者的力量，乃至於地球各端生產者的容顏。這些一連串良善的情懷，讓我在閱讀此書時，心中總是有絲絲的溫暖。而本書的人物故事，更讓我感到以身為女性為榮。

余宛如（生態綠創辦人）

孟加拉鄉村銀行看見貧窮源於性別不平等，因此微型信貸才針對婦女放貸，而國際公平貿易組織也為此提供女性更公平的社會地位與就業機會，讓消費者也能夠在不經意的一口咖啡之間改變社會，支持一個對女性更友善的體制，而我也期待透過《窮人村的姊妹創業家》能夠帶領各位讀者，透過不同的視野，看到全球新女力的想像。

陳曼麗（主婦聯盟環境保護基金會常務監事）

在全世界，尤其第三世界，經濟和產業多控制在男性手中。女性因為資源薄弱，很難不被剝削。然而，還是有些不畏艱困的女性，勇敢走出一條路，連結到公平交易的世界潮流，與世界各國的支持者交易。由逆境中生存，更令人讚佩！

陳藹玲（富邦文教基金會董事）

女性負擔全世界六六%的工作量，只分享一〇%的收入，擁有一%的資產。但是女性的收入會全部拿回家，支付飲食等生活必需及孩子的教育。所以只要改變女性的弱勢，便能改善世界。但如何做呢？本書作者提供了絕佳示範。僅此致敬並努力看齊！

張瑋軒（女人迷共同創辦人暨CEO）

「我們就是自己等待的人」，光看到這句話，我就忍不住期待著這本書和這個啟發人心的故事。身為女人迷網站的共同創辦人，我深刻的知道距離所謂的性別平等還非常的遙遠。你知道嗎？台灣醫學界，十個醫生只有一個醫生是女性。這本書也揭露一個驚人的事實，全球女性分攤了六六%的工作投入，卻僅僅得到全球經濟一%的資產，這都還只是我們看得到的數字，除了數字以外的軟性感受、家庭壓力、情緒壓力，又絕對不僅僅是量化數字就能解釋一二的。

本書作者史黛西看到這些現象，挺身而出，成立姊妹共創社，以互助永續的社會企業模式改變全球女性貧窮事實。「我們就是自己等待的人」，這句話精準的描述她的使命，這對於女人迷團隊來說，也正是因為這句話，讓我們能夠義無反顧的投入於女性網站的創立和壯大，希望我們能成為亞洲女性意識覺醒的一個起點。看看這本書，一起成為自己等待的那個人吧！

目錄

世上沒有任何事，

可以讓肩負使命的母親打退堂鼓。

看見全球新女力

余宛如

你如果知道了，也許會驚呼一聲！原來一口咖啡，可能吞下一個對女性歧視的社會，事實上我們所看不見的商品背後，生產過程也牽涉到性別不平等的議題。

例如生態綠所合作的KOPEPI KETIARA咖啡農合作社，位於印尼蘇門答臘亞齊省中部迦幼山脈的塔瓦湖旁，該區的土壤極為適合生長阿拉比卡咖啡豆，擁有強烈的風味與豐富的層次，當初成立的動機，就是為了要打破由男性壟斷的印尼咖啡市場。

因為在傳統的印尼，男性不僅是家庭的主宰，也主宰了咖啡產業。KOPEPI KETIARA創辦人Rahmah在傳統的咖啡產業工作二十多年，看見女性工作者得不到合理地對待，決心要成立一個以女性為主的咖啡農合作社，讓女性的努力與天賦，能夠充分的展現，並得到合理的報酬。

Rahmah說，加入國際公平貿易組織是他們唯一的出路，而公平貿易無關乎認證，但背後的那套交易機制，開放透明與保障一個收購價格，還提供進入國際市場的機會，並允諾女性一個真正平等的發展空間，提高女性的社會地位，為她們帶來更公平的發展機會。如果當初她們沒有加入國際公平貿易組織，這樣美好的滋味也許不會出現。

走過許多貧窮的國家與地方，我曾經看到用餐的地方禁止女性獨自進入、看到女性同工卻不同酬，也看到婦女連參與社區發展的討論資格都沒有。但是在許多地方，女性是家庭最重要的力量，像是在草原上，我看到婦女為了照顧家庭，每天勞動時間長達十六個小時以上，還要步行數公里，只為了挑一桶乾淨的水給家人使用。身為女性，我也希望自己的一點力量，讓更多女性可以改變命運，這也是我成立生態綠積極推動各種公平貿易認證產品的原因。

事實上，釋放女性的力量是當代重要的課題：全世界有一半的糧食，都是女性種出來的，然而這些女性大部分都在貧窮的鄉村，而且所擁有的資產，只佔全球資產不到二%的比例，而且取得貸款、工具、訓練與資源，都非常困難。

聯合國農糧組織的報告也指出，女性的農業勞動者是解決未來食物短缺的關鍵元素，為了要積極修補全球糧食生產的問題，最簡單直接的方式就是消除女性社會地位的不平等與性別歧視，讓她們有能力取得資源，增加種子、工具、水源與土地等資源。根據估計，此法將能提高女性個人二〇到三〇%的生產力，同時提高發展中國家二．五到四%的糧食生產量。更重要的是，將減少一到一．五億營養不足的人口數。

女性不僅是未來全球糧食永續的關鍵力量，在保存傳統文化、建構社會網絡、保存生態多樣性上，婦女也是積極的角色。在祕魯，一個安地斯山原住民婦女組成了合作社加入公平貿易組織，因為當地家庭的平均收入每年只有兩千到三千美元，她們需要尋找其他的收入維持生計。這些婦女使用純天然的駱馬毛，編織出美麗而溫暖的毛線衣飾，為的就是保存駱馬的多樣性。因為當駱馬毛成為經濟產物時，單一而大量的飼養白色品種，逐漸取代多元品種，黑色的、灰色的、咖啡色的駱馬，慘遭人類淘汰。

這也是為何，孟加拉鄉村銀行的微型信貸是針對婦女放貸。而國際公平貿易組織也為此，提供女性更公平的社會地位與就業機會，釋放女性溫柔而堅定的力量，以友善地球的方式生產，也讓消費者更容易在不經意的一口咖啡之間，參與社會的改變。支持一個對女性友善的公平貿易產品，不僅能扶助弱勢，更能促進全球永續。而我也期待透過《窮人村的姊妹創業家》一書作者的親身經歷，能夠帶領各位讀者，透過不同的視野，看到全球新女力的想像。

（本文作者為生態綠股份有限公司創辦人、倫敦大學亞非學院飲食人類學碩士）

無需護照

「我們就是自己正在等待的人。」

——瓊恩・喬丹（June Jordan，美國作家）

某年秋天一早，打開電子郵件收件匣，看到一封意外來信。寄件人是肯亞婦女約瑟芬・卡莉米（Josephine Karimi），信件主旨是「約羅娃手工藝（Jorova Crafts）仍念念不忘史黛西」。我自己也沒忘記約瑟芬。五年前，她寄了一封信給我，希望我能幫忙，信裡附上粗獷樸拙手作品的光面照片。貼滿肯亞郵票的棕色信封至今仍掛在我書桌旁的磁鐵板上。二〇〇三年，三十二歲的我成立「姊妹共創社」（Global Girlfriend），肩負為全球弱勢婦女的手作品打入美國市場的使命。隔年，約瑟芬寫了第一封信給我。當年我是在廚房餐桌上發想出姊妹共創社的點子，利用手上兩千美元的退稅款首次進口全球各地婦女的手作品。我當時有三個年幼的小孩，從未踏出美國一步，沒有營運計畫，沒有護照，創業基金幾乎是零。但我胸懷夢想，希望幫助婦女脫貧。

身為社工與人母，我當時深信（現在也如此），提供婦女賺錢機會有助於實質改變這個世界。女性有了收入，可以改善小孩的健康、營養、教育等，假以時日，全家甚至整個社區都會變得更茁壯。我希望提供女性賺錢機會。兩個重要數據點燃我的行動力：一，全球約十三億人口飽受赤貧之苦，每天靠不到一美元生活，其中七成是女性。換言之，全球約九億女性每天為了滿足自己與小孩的食衣住行等基本生活所需而掙扎受苦。二，美國女性掌控了八成購物大權（而購物支出高佔美國國內生產毛額（GDP）七五％）。換句話說，美國逾二分之一的消費支出決定權由女性掌控。我們女性負責購買家用品之外，也採買衣服、家具、保健用品、旅遊、汽車等等。二〇〇九年十月，凱文．福格特（Kevin Voigt）為美國有線電視新聞網（CNN）寫了一篇文章，標題是〈女性：世界經濟的救世主？〉該文一開頭就點出「全球最大的經濟增長動力不是中國也不是印度，而是女性。」他的論點正確無誤。發揮集體力量，我們女性擁有強大的消費支配權。我積極地居中牽線，讓有需要的女性能和姊妹共創社搭上線。

女性需要打入全球經濟的管道。產品再怎麼一流，少了進入市場的門票，經濟價值所剩無幾，甚至是零。姊妹共創社作為渠道，把有才氣的貧窮女藝匠和有心又熱情的美國女性消費者連結在一起。我公司立基於三個核心價值：女性手作品、公平貿易以及環保。我善用公平貿易，透過雇用賦予貧窮女性力量。簡言之，公平貿易意在讓弱勢女藝匠賺取合理的生活薪資，讓其具備業務發展策略，進而興富減貧。我深信，姊妹共創社應該和她們長期結盟合作，提供她們合理與穩定的收入、公平的就業機會、健康安全的工作環境、持之以恆的新品開發與技術協助。我們姊妹共創社不僅下單採購，也期待最好的結果。我們和結盟夥伴合力找出她們的市場利基。我們也努力在經濟機會少之又少的地方創造就業機會。在落後的第三世界，這些新增的就業機會一定要符合合理的工作條件，並允許在家工作等非傳統的作業方式，以便讓女性能夠兼顧工作與家庭。環保產品也是合理的訴求，畢竟地球只有一個，必須讓地球夠強健，才能讓我們每一個人過得富足。我們支持女性手作的環保商品，保護她們所處的環境，讓河川與天空不受汙染，同時養育更健康的孩子。

女性在全球的經濟狀況何以如此重要？因為全球女性的福祉是評斷地球全人類福祉的重要指標。每一個新世代一開始都是由女性負責照顧與教育。

女性是全球經濟的骨幹。根據聯合國婦女發展基金（ＵＮＩＦＥＭ）統計，女性分擔全球六六％的工作量，但僅分配到一〇％的收入，擁有區區一％的資產。全球女性多半被排拒在商業培訓之外，也得不到傳統借貸機構的融資。在非洲郊區，逾七〇％年輕女性無法完成小學教育，因為她們的家庭供不起。聯合國世界糧食計畫署（ＷＦＰ）的報告指出，開發中國家女性生產約八〇％糧食，但全球飢餓人口裡，她們卻高佔六〇％。貧窮女性無給日常勤務既費力又辛苦。南非女性每天為了挑水必須走一大段路，行走距離全部加起來逾二十四．五萬英里，相當於往返月球與地球十六趟。對太多女性而言，這些數據代表一輩子與貧窮奮戰，以及少之又少的機會。

提升婦女經濟地位可直接提升她們的採購能力，用於購買改善健康、住家、教育之所需。此外，提升她們在家裡的談判權與影響力，以及讓她們起身對抗家庭與周遭世界加諸在她們身上的暴力。擴大婦女的經濟機會可降低她們被人球走私、感染愛滋病毒與遭暴力相向的機率。我希望打開公平貿易市場機會，協助商品設計，幫女性微型創業等等。我號召大家購買貧窮女性手作的公平貿易商品等簡單行動，讓女性有機會團結在一起，這麼一來，說不定可以改變全球弱勢女性的人生。

約瑟芬首次寫信給我時，姊妹共創社才剛成立不久，預算很緊，所以我必須慎選商品才能維持營運以及協助其他女性。儘管內心想要幫助每一個連絡上我的女藝匠，但理智告訴我，姊妹共創社販售的商品必須吸引美國消費者，否則公司可能破產關門。商品不能被外界視為民族色彩太濃，或是粗糙、次級品等等，顏色與外型必須符合潮流。最重要的是，產品必須吸引可能不關心貧窮問題的女性消費者。我希望產品靠實力熱賣，儘管產品的使命與訴求是賦予貧窮女性更多權力。搶手又優質的產品能讓姊妹共創社獲得更廣泛消費者的肯定，也可讓女藝匠打入更大的市場，讓姊妹共創社成為可長久營運的長青樹。

我慎選投資的商品，因為每賣出一樣東西，我才能把錢拿來再買別的東西，進一步支持手藝佳的女紅手。約瑟芬裝在棕色信封的照片顯示，她旗下手工坊的產品過於粗糙。手提袋的肩帶長短不一，飾品又大又重，顏色也不符美國人品味。我努力找了又找，可惜找不到讓我放心下單的產品。從成堆的照片中，我選出看起來最沒問題的一樣，是一只手編的麻籃，皮製的提把與骨製的開闔鈕扣都不夠精緻。我寫信給約瑟芬，點出麻籃的優點，我誠實告知我的反應、意見，但不忘替她打氣，並祝福她的手工坊成功。我敞開她和我保持聯繫的大門，但我並未下單購買任何東西。我被這事困擾了好一陣子，畢竟約瑟芬與她的姊妹淘正是姊妹共創社成立的初衷。我常常陷入天人交戰：到底要善用經商實務並選擇賣相佳的產品？還是秉著道德良心支持最需要幫助的女性？

寄出這封信之後，長達五年，約瑟芬彷彿和我斷了線，未捎來隻字片語，直到某天早上我打開電子郵件收件匣才收到此信：

嗨，史黛西：

也許我該重新自我介紹。我叫約瑟芬，是約羅娃女子手工藝的負責人。此信的目的是感謝妳，同時也覺得一定要讓妳知道妳對我們工作坊的重要性！雖然約羅娃工作坊迄未和姊妹共創社有任何生意上的往來，但我們仍把妳看成特別的朋友，因為妳是我們接洽的諸多人士中，第一個在我們水深火熱、絕望喪志、沒有生意上門、瀕臨關門之際，給予鼓勵與打氣的人。若非妳的積極回應，以及妳對那只麻籃的喜愛，我們可能不得不關門，連帶夢碎。

我把妳的來信拿給我那些視如姊妹的女藝匠看，大家都很開心，並一起祈禱。今天我們視姊妹共創社為約羅娃的再造恩人（Genesis），願上帝庇佑姊妹共創社。

目前我們在美國有兩個客戶，祈求上帝帶領我們開拓更多的客戶，才不負我們培力（empower）女性經濟權的使命，我們深信培力女性等於培力全社會。我們正在研議成立網站，若資金允許的話，可用以陳列與展示商品。

隨信附件有一些最新出爐的購物袋、錢包、首飾等，請參考。期待妳的來信。

謹此致意

約瑟芬

讀完信我眼眶泛淚，遺憾自己沒幫上約瑟芬以及她的姊妹淘什麼忙，也難過自己過去五年來未將所學所知和她分享。不過此信也讓我開心地笑了，心想點亮希望有時才是他人最需要的。每一次我若無法伸出援手，短短的打氣加油文字對於對方的意義遠超出我想像。我瀏覽全新的產品照，對她們的設計留下深刻印象，可見她們的產品這幾年進步神速。在肯亞首都奈洛比郊區的丹多拉（Dandora）貧民區，約羅娃生產簡單又獨特的耳環，足以放到全球市場販售。她們也利用回收的雜誌與玻璃珠，製作充滿趣味又顏色繽紛的手鍊與項鍊。有些女子在賀卡上手繪大膽搶眼的花園圖案，有些女子回收散見於奈洛比貧民區的廢塑膠袋，製成耐磨又別出心裁的托特包。我立刻回信給約瑟芬，感謝她溫馨感人的來信，同時大手筆採購約羅娃女藝匠精心研發的產品。隔天早上她回信：

嗨，史黛西：

萬分感謝妳的電子郵件！得知我們產品與時俱進，著實讓人振奮。其實這是大家努力與犧牲的結果。我今早把妳的來信和姊妹們分享，大家都很開心。我們也樂聞姊妹共創社持續壯大，有能力吸納更多的女性團體。這個好消息顯示，上帝聽到了我們的禱告。

以及我的禱告。

約瑟芬讓我學到寶貴的一課：看似輕如鴻毛的小小動作，卻大有深意，足以改變某人的人生。他人一句善心話與鼓勵，足以影響一個人對自己以及自我能力的看法。若善心話可以改變她人的人生，試想小小善舉（更好的是小小善款）對貧窮女性的影響有多大。我和約瑟芬第一次通信時，她的工作坊尚未準備就緒應付市場的挑戰，兩人的事業也剛起步，經驗不足。回首過去，我希望當初能全力以赴協助她開發產品，所幸她並未打退堂鼓，靠自己的力量走出一條路。但約瑟芬的際遇以及我們建立的友誼讓我跨出一步，投資於更多女性團體，畢竟這些團體需要外人協助開發產品，才能順利打入市場。姊妹共創社至今已和海地、瓜地馬拉、印度、肯亞等國的女性合作，她們和約瑟芬的際遇類似，不只需要口頭的鼓勵與打氣，也需要耐心又體貼的事業導師，協助她們發揮潛力。

和女性合作，齊力改善她們的經濟，但這無法一勞永逸解決所有問題，諸如改變她們所擁有的資源、戰爭暴力、天災、不佳的公共運輸、糧食安全、貪汙的執政當局、不公平的水權等等，但的確提供她們收入。有了錢，有利於女性、小孩、教育、農民、市場、醫藥、灌溉、鑿井、與建更乾淨的廁所、早餐配的是一杯牛奶而非髒水。錢是改善生活的利器。提供女性工作與賺錢機會，是讓女性掌控自己人生的一個方式。在開發中國家，能夠自主決定怎麼花錢，滿足自己與家人哪些基本需求，對一些女性而言可是革命性的改變。

更革命性的變革是身為消費者（別忘了女性掌控全美八成的消費大權），只要我們改變身上的衣服、使用的錢包、飲用的咖啡，就能改變其他女性的人生。我們可以根據價值觀與良心選購商品。選購女性手作的公平貿易商品具備多重意義：女性手邊有錢、孩子有受教機會、填飽肚子，以及更公義更平和的世界。

我不清楚未來會如何，是好是壞端視我們如何發揮集體力量。但我確信，若我們發揮集體力量對抗赤貧，赤貧可被終結。我們應拉攏大家參與自己的未來，一開始由自己做起，為更好的明天拿出行動。個人微不足道的行動，集合起來，滴水可以穿石，顛覆既有的信念與行動，進而改變世界。我們是地球村的一分子，對這地球有一份責任，但不見得能解決所有問題。我需要的是調整心態，願意為眾人努力與付出。一系列不起眼的選擇、區區的個人投資加上豁出去的勇氣，讓我成立了姊妹共創社。我勇於涉險，向遠在半個地球之外的女性承諾，我會竭盡己力提供她們機會，讓她們增加收入，日甚一日改善生活。這五年，我把姊妹共創社所有收益再轉投資於女性手作的公平貿易商品，一開始兩千美元的退稅款如今已激增為每年一百萬美元的營業額。儘管我發心改變貧窮女性的人生，不過實際上是她們啟蒙了我的人生，我希望她們的故事也能激勵啟發你們各位。

和平工作團

「謹記，得非所願有時也是一種福氣。」

——達賴喇嘛（Dalai Lama，西藏宗教領袖）

十二歲兒子達科塔和他最要好的朋友羅伯特，和我面對面站在卡車的貨台上，看著他們兩個，實在難以想像我們人在瓜地馬拉。兩個孩子之前跟著母親——我和瑪麗麥可（Mary-Mike）到亞提特蘭火山湖區，和瓜國一群擅長編織與製作珠寶飾品的婦女一起工作，想辦法開發並行銷他們的手工藝品。瑪麗麥可是我多年的鄰居兼好友，也是我成立姊妹共創社後的得力助手。她曾在美國銀行擔任外匯交易員，為了多點時間照顧兒子而辭掉工作，同時幫著我打理剛起步的地下室事業（basement business）。雖然她在銀行工作十八年，但完全不在意轉跑道換個環境，也從未聽她抱怨每天得像翻山越嶺，爬過我家堆積如山的髒衣服，才到得了辦公桌。這些年來，我和瑪麗麥可交出了不錯的成績。這次的瓜地馬拉之行，是瑪麗麥可第一次直接和姊妹共創社協助的婦女正面打交道。

織成一幅生命地圖

姊妹共創社的構想誕生於二〇〇三年我家的餐桌上，我胸懷壯志，希望用最少的預算，幫助世界需要幫助的婦女。我說服丈夫布萊德，讓我動用二〇〇二年國稅局退還的兩千美元稅金，進口窮國婦女製作的手工藝品。那時不論是進口貿易還是公平貿易，我皆一竅不通。公平貿易以市場為基礎，讓開發中國家的生產者享有公平交易的機會與條件，獲得穩定的收入來源，進而脫貧。這概念也成了我公司的精神與基礎。當時我只知道，女人有難時，其他女人應該挺身幫忙。身為一名社工，我在兒童福利與社會服務機構服務十年，發現即使在處處是機會的美國，婦女受貧窮之害的程度還是很大。美國有三千七百萬人活在貧窮線之下，其中過半數是女性。至於其他國家的婦女，際遇比美國更糟。女性高佔全球貧窮人口的七成。

二〇〇〇年一月，上述統計數字對我不再只是白紙黑字，而是活生生的例子。婆婆布蘭達．艾德格（Brenda Edgar）與聯合國世界糧食計畫署一同前往非洲，回國後，分享了她的所見所聞，談及飢餓、缺水、疾病、匱乏的種種實例。不過一些婦女不屈不撓的韌性尤讓我震撼。這些女子每天跋涉好幾英里到外地擺攤，席地鋪個毯子或是擺張桌子，在大太陽下等待整天，希望外國遊客或救援人員可以買些他們手作的藝品當作伴手禮。婆婆送我的項鍊與圍巾不僅是她這趟非洲行帶回的伴手禮，更印證了當地婦女精湛手藝與做生意的本事。這些女性需要更大的市場與更多的機會，而非仰賴下榻阿迪斯阿貝巴（衣索比亞首都）希爾頓飯店的救援人員。

婆婆返美後，我並未立刻著手姊妹共創社的事業，打算成立公司協助婦女脫貧的想法醞釀了數年才慢慢成形，但只要想到不知該怎麼和這些婦女搭上線，疑慮頓起，忍不住一再打退堂鼓。直到二〇〇三年初，我決定勇往直前，把未知的一切拋在腦後，成立公平貿易事業體，全心全力協助婦女脫貧，當時我只有滿腔的熱血以及兩千美元的預算。沒想到一古腦栽進後，必須投資的財力與心力遠超出我所預期。

一開始，姊妹共創社的顧客不外乎女性友人、鄰居、孩子同學的媽媽等等。不過公司擴大營業後，平台也從家庭聚會延伸到網路的電子商務，加上郵購型錄與批發業務助陣，客源持續擴大，累積了約兩萬人，他們踴躍採購，希望協助世界各地的女性同胞擺脫貧窮，過著無經濟後顧之憂的生活。我們一開始與七個婦女團體合作，經過了五年，如今已擴大為一個不折不扣協助婦女脫貧的公平貿易公司，支持全球逾五十個婦女經濟發展計畫。

我一直想讓達科塔跟我到瓜地馬拉走一趟，親眼見識並了解我何以如此熱衷於和又貧又窮的婦女合作。打從我在科羅拉多自家裡創業開始，他一路看著公司蒸蒸日上，這次我希望他親臨現場，感受我們公司對這些人的衝擊與影響。此外，他學了七年西班牙文，我得借用他的外語能力，幫我和當地人溝通。瑪麗麥可對兒子羅伯特也有同樣的期許。不過當我們座車減速停在路邊時，我們這兩個母親開始懷疑自己這麼做對還是不對。地陪示意我們換車，跳上小貨卡後面的載貨台。老實說，我們絕不讓小孩不戴安全帽就騎單車，此刻卻要他們擠在貨車的車台上，跟著滿車的乘客蜿蜒於既顛簸又陡峭的碎石路上。不過這是唯一能夠抵達目的地的交通工具，我們別無選擇。我們將前往政府安置斯坦颶風受災戶的臨時收容所，塞雷絲提娜（Celestina）正等著我們。

貨車駛離主要幹道，開進臨時收容所的車道。收容所麻雀雖小五臟俱全，但感覺冷冰冰也沒有人情味，不像我們在瓜國其他地方感受到的繽紛風采。長型水泥磚興建而成的一排排房舍，工整排列彷若軍營。這些灰色建築物與周遭自然景觀形成強烈突兀的對比。翠綠的棕櫚林和松林之間，點綴著居民砍林整地後用來自耕自用的農地。放眼望去，美麗的山丘和谷地綿延不絕。用錢都買不到的美景與居民求生的本能是該社區坐擁的最大資產。

我知道這裡每個人都是二〇〇五年斯坦颶風的受災戶，由於土石流重創家園，不得不搬到這裡。颶風來襲前幾周，暴雨不斷，當地累積了二十多英寸驚人的雨量。因此斯坦登陸後，飽含水分的地面與土壤再也無法負荷更多的雨水，引發暴洪與土石流，整片山壁崩塌，吞噬埋沒底下的村莊。約兩千人罹難，倖存者眼看著家園沒了，即使過了三年，房子依舊被埋在厚厚的土堆下。許多生還者仍居住在同一個模子蓋出來的收容所裡，念念不忘自家的菜圃、牲畜、個人家當，以及靠著兩手辛苦打造而成的家。我看到他們家破親友亡，心裡非常難過。忍不住想，若自己的家也被大水沖走，不得不搬到又小又不熟悉的環境，心裡會有何感受。低頭穿過掛在曬衣繩的衣海，一眼便看到塞雷絲提娜在她房門口親切地等著我們。她身高不到一五二公分，穿著鮮豔的馬雅傳統方肩上衣以及她親手編織的長裙。她面帶燦笑，露出一輩子沒與牙醫打交道的牙齒。此外，她看起來比實際年齡三十六歲老好多。塞雷絲提娜原本住在帕納巴吉村（Panabaj），該村遭斯坦颶風重創，引發的土石流吞沒了她的房子，至今她仍努力重建家園。颶風來襲前，她和丈夫憑著雙手，得意地蓋了街上唯一一棟兩層樓房子。屋內被她的手工織品裝飾得繽紛又活潑。屋後有個大院子，種了可供一家溫飽的蔬果，偶爾還有剩可拿到市場販賣變現。颶風過後，她被安置在政府配給的收容所。長二十英尺、寬十二英尺的長形水泥建築，屋頂鋪了鐵皮，房門是一扇金屬門，沒有院子。

塞雷絲提娜招呼我們進屋。我掃視了一下屋子，小心翼翼在狹小的空間裡，擠出位子容納我們一行五個大人和兩個快要進入青春期的少男。光禿禿的屋子隔成兩房，一房充作客廳，另一間較小的房間當作臥室，裡面只擺了張小床。屋內沒鋪地毯、沒上油漆，牆上也沒有任何掛飾。除了幾張塞在床下的墊子晚上可充當孩子的睡墊，以及疊放在角落的幾個水泥磚權充我們的座椅之外，屋內空無一物，看不見其他家具。不過塞雷絲提娜視如珍寶的生財器具倒是佔據狹小客廳大半個空間，一眼就看到它們的存在。長條木製分線棒彷若多了突起物的長條凳、線捲、纏滿紗線的細長梭子，以及固定於門框頂端的背帶式織布機。這些對馬雅的編織好手來說都是不可或缺的工具。塞雷絲提娜這位織布高手幾乎和織布機融為一體，成為織布機的一部分。經捲固定在織布機另一端的門框或升高的支架上，塞雷絲提娜席地而坐，用背帶將織布機綁在腰上，這麼一來，經線被撐得又直又緊，接著她俐落地讓緯線來回穿過經線，與經線上下交織形成圖案。

我們坐在低矮的水泥磚上，在織布機四周圍成一個半圓。塞雷絲提娜坐在水泥地中央，地上鋪了塊她親手編織的小墊子。原本鬆散、看不出用途的紗線，逐漸在織布機上和諧地融為一體。決定織布底色的經線是紫色和天藍色，決定圖案的緯線則結合了藍、綠、黃、紫等繽紛顏色。兩者在她巧手交織下，浮出類似小花的圖案。每個梭子纏繞不同顏色的緯線，塞雷絲提娜將梭子又快又準地上下來回與經線交織，直到圖案在我們眼前成形。突然之間，每一條織線變成更大更美圖案的一部分，而非只是孤零零的一條線。塞雷絲提娜的雙手不停地在織布機上作業，同時一邊口述土石流的往事，瑪麗亞充當口譯員，將馬雅原住民語言（Kathiquel）翻成英文。土石流重創原本寧靜的亞提特蘭湖區，摧毀她和左鄰右舍的房舍，更奪走多條人命。土石流轟地吞沒村莊時，所幸塞雷絲提娜的家有兩層樓高，她和孩子逃往二樓而躲過一劫。

塞雷絲提娜靈巧的雙手在織布機上來回移動，令我聯想到人生經驗與歷練也彷彿每一條織線，慢慢累積交織成一幅生命織錦。心想有一條線牽引著我來到她的小屋，以及自己何其幸運，能和兒子一起出現在這裡，讓他明白這工作對我何以如此重要。我一直希望能和世界各角落的女人合作，但花了數年才終於走到這一步。

愛迪生公園之家

我就讀美國西伊利諾大學時主修新聞，希望日後能當記者，報導有意義的事件，諸如揭發社會的不公不義，最好能多多揚善，報導在世界各地開花結果的善舉。我滿懷夢想，希望有朝一日能周遊世界報導新聞，不過眼前有個問題：我不喜歡系上大部分的英文必修課，讀的都是難以感動我的小說，而我偏好真人真事。我也非常不擅長英文拼字，從以前到現在都是如此，這在電腦普及與拼字檢查軟體問世之前，可說是任何英文課的致命傷。不過，我在大二下學期選修一門社會工作概論，自此之後一切為之改觀。

授課老師麥可・芬曼（Mike Finmen）身材矮小，蓄著山羊鬍，幾乎每次都穿牛仔褲來上課。芬曼觀念開放、容易相處、不拘小節，不會高高在上將我們視為等著他打分數的學生，反而視我們為平起平坐的同事，接受他的啟發與鼓勵。芬曼在社工領域多年，拿到博士學位後仍繼續社工實務，他曾服務於阿肯色州貧困的鄉間，力主給予窮人機會並打造社會安全網，不過也強調培養個人的責任感。他最常掛在嘴邊的職涯建議是「位置決定腦袋」。他勸我們，對別人品頭論足之前，應先花點時間了解他的處境。芬曼另一個睿智經驗談是「遮住自己的後面」（Cover your ass.），亦即要懂得自保。他提醒我們務必針對服務對象寫下完整而詳實的實務記錄。我欣賞他直話直說的作風以及坐而言不如起而行的信念。他不僅教書、做研究，也願意捲起袖子親力親為。這正是我想做的，不只是旁觀與報導，而是不嫌麻煩地深入他人生活，對他們伸出援手。沒過多久，我就轉系。

大三左右，我決定未來幾年投入和平工作團（Peace Corps）。心裡有股力量牽引我進入更大的世界，認識異域的生活、文化與傳統。這股好奇心有一部分起因於聽了祖父與父親的參戰經驗。祖父克拉克・內林（G. Clark Nehring）在二次大戰期間服役於陸軍，派駐到印度北方邊境。

在印度兩年期間，他負責保護橋樑與道路，也在加爾各答北邊一處軍事保養廠修補輪胎。保養廠位於熱帶區，盛產橡膠。一向自律克己的祖父鮮少提及他在印度的經歷，但少數幾個場合裡，他滔滔不絕詳述印度以及該國人民的特色，讓我大開眼界。他曾隨軍紮營在山區，營區四周被茶園、小村落、野生動物包圍。有一次，他和幾位同袍協助當地居民捕殺一條長約六公尺的巨蟒，因為該蛇覬覦村民飼養的山羊已好一陣子。村民為了感謝祖父一行人幫忙，以當地傳統菜餚款待他們，並請他們喝茶，吃喝之後，雙方成功跨越語言障礙，變成朋友。我僅能憑藉想像力，揣測異域食物、文化，以及印度這個國家對祖父這個年輕士兵的影響與意義。

父親決定跟隨祖父的腳步，從軍報國，以海軍身分參加越戰。不同於其他同輩男子，父親並非被征召入伍，而是志願從軍加入海軍工程隊（Construction Battalion，簡稱CB，譯注：CB讀音同SeaBee，故又名海蜂隊），負責建造美軍在越南的空軍基地跑道及其他基礎設施。父親與祖父一樣，鮮少談到他在軍旅的生活，不過偶爾會心血來潮，不著邊際地談起越南的氣溫、當地的蟲子。或是觀看一九八〇年代越戰電視影集《中國海灘》（*China Beach*）時，會冒出一句：「我曾在南越的中國海灘協助建造臨時的飛機跑道。」多年下來，這類漫不經心脫口而出的經驗談，讓我對美國以外的國家充滿好奇。祖父與父親每次說到印度與越南，一定不忘提及對兩國人民的感情，表示即便雙方與美國交戰，但當地人民和善又親切，興致勃勃地想認識他們、認識美國，也熱心地想和外人分享自己的文化。我開始夢想著有朝一日可能拜訪的國家以及可能遇見的朋友。小時候，我難以想像祖父與父親曾遠至半個地球之外，畢竟身處在伊利諾州小農村的我，最遠只去過佛羅里達兩次。

小時候全家鮮少出遊。因為家族經營辛克利水泥製品（Hinkley Concrete Products），所以我們會參加一年一度的中西部預製混凝土大會，大會登場的地點通常頗具吸引力，諸如伊利諾州的皮歐里亞（Peoria）、馬克吐溫的家鄉密蘇里州漢尼拔市（Hannibal）等等。和父母相比，祖父母克拉克與艾琳的世界就大多了，他們每年會前往威斯康辛與佛羅里達，甚至在我六歲左右，遠行至葡萄牙。小學三年級，我搭上人生第一班班機，前往佛羅里達州奧蘭多的迪士尼世界。雖然有祖父母同行，但畢竟是第一次搭機，心裡非常忐忑（至今搭機，仍會緊張出汗、不停地禱告、無心跟其他乘客交談，直到飛機飛到一萬英尺的高度，安全帶燈號熄滅為止。）我離開登機門準備登機時，母親忍不住哭了，這對我已經七上八下的心情一點幫助也沒有。所幸收到生平第一個搭機紀念品，加上享用淋上厚厚一層藍莓果粒的美味鬆餅，緊張心情才獲舒緩。

伊利諾州辛克利的人口約一千兩百人，我認識的人當中，除了家裡那兩位退役軍人，只有退休歷史老師查理・席爾曼（Charlie Hillman）出過國。他在辛克利巨石（Big Rock）高中教了幾十年歷史，祖母、外婆（一九三〇年代）、父親（一九六〇年代）都曾受教於他。在我九歲或十歲左右，某晚跟著數十人湧進社區中心的地下室，席間席爾曼用投影片分享他在中國旅遊的所見所聞。我記得兩個幼兒光著屁股的背影，其中一個草草用一塊塑膠布遮住背部，裡面什麼也沒穿。另一個當著席爾曼的面在路邊就地放屎。我們看得目瞪口呆，忍不住咯咯笑了。我們細看每一張投影片，彷彿在研究才被發現的月球石塊或來自火星的細菌標本。席爾曼先生讀萬卷書行萬里路，讓我們見識到中國人和我們多麼不同，那裡的人既有趣又友善。我心想席爾曼說不定還當過太空人。

不過電影《哭喊自由》（*Cry Freedom*）才真正激勵我拿出行動對抗不公不義。丹佐．華盛頓（Denzel Washington）飾演對抗南非種族隔離政策的活躍分子史提芬．比科（Steven Biko），他一生致力於替南非黑人爭取平權，最後遭警察殺害。看著這部母親用錄影機錄下的有線電視台重播舊片，我發現當今社會仍遍存各式各樣的歧視，不禁義憤填膺。比科的友人唐納．伍茲（Donald Woods，由凱文．克萊恩飾演）無畏地從南非逃到海外，向全球揭發比科遇害以及種族隔離政策對黑人的迫害。我深受伍茲感動，心想對抗社會不公不義人人都有責。自己若不是直接受害的當事人，很容易認定壞事只會發生在別人身上，或發生在其他地方。大家習於袖手旁觀、什麼都不做。伍茲是白人又是一位記者，根本沒有必要拿自己或家人的生命涉險，但他為了好友比科以及所有南非黑人的權益，挺身反對種族隔離政策，以行動推動改革。看完《哭喊自由》又過了一年，和平工作團在我就讀的大學舉辦招募說明會，我帶著滿腔的熱血準時與會。我希望自己是改變世界的推手，即使貢獻微不足道。和平工作團似乎是不錯的開始。

朋友與家人一向支持我，不過這次他們認為我應徵和平工作團失之輕率，畢竟誰會用最愛的電影決定未來的生涯呢？我最好的朋友安（Ann）頭搖得最厲害。沒有人比安更可靠、愛耍寶、又喜歡自嘲，總之她就是個開心果。（她也是個美人胚子，配上一八〇公分的高挑身材，我們在她旁邊總是黯然失色。）安喜歡動腦擘畫自己的未來，也順便幫我想好出路：兩人大學畢業後搬到芝加哥，遇見白馬王子，在各自的領域闖出一片天地，自此過得幸福快樂。

我天真地以為只要我想參加，和平工作團就會錄用我。大三、大四這兩年，我一心爭取被和平工作團錄取的機會。（好吧，我承認也兼差當酒保以及參加姊妹會，所以「一心」是用得有些誇張）。和平工作團招募員設下重重關卡考驗我：為一位有重度菸癮的韓籍交換生補習英文；每月和返國的和平工作團團員見面一次，聽他滔滔講述嚥下串烤蟲子等駭人經驗；被面談者逼問社工系大學生能貢獻哪些實質技能等等。最後我並未接到錄用的電話。

和平工作團似乎認為我的社工學位毫不起眼，將之淹沒於五花八門的學位大海裡。但我知道社會工作的宗旨是了解民眾，用「他我」的角度看世界，為體制裡或社會上弱勢的族群發聲。跟和平工作團招募員交談數次後，我覺得和平工作團眼中的社工似乎是空有愛心但能力不足。我不是老師、不是工程師、不懂集水區管理，也不是公共衛生專家，更不會說第二外語。我不過是一個普通人，和世上其他員工沒什麼兩樣。被和平工作團拒於門外後，我心灰意冷，眼見室友又一個個順利投入職場，因此一發現一個兒童福利機構有空缺，我馬上把握機會。

雇主是愛迪生公園之家（Edison Park Home），位於伊利諾州的派克嶺（Park Ridge）。這間兒少福利輔導中心專門協助寄養照護體系中的「問題少年」。這些曾經被虐、被大人疏於照顧、不適合寄養家庭體制的少年與少女，最後就安置於愛迪生公園之家，住在水泥牆砌起的受限光禿空間裡。我負責下午兩點到晚上十點的班，輔導對象是十幾歲少男，職責是確保這些男孩放學返「家」後至上床就寢期間，能循規蹈矩不失控。有些男孩可愛又討人喜歡，有些男孩老是悶悶不樂，也有些男孩聰明伶俐。詹姆士（化名）喜讀激進民權鬥士麥爾坎・X（Malcolm X）的傳記，他「告誡」我們工作人員，孩子不該被體制化。他擅於閃躲學校的雷達掃描，成績普通但足以低空過關，懂得明哲保身遠離麻煩。為了打發周末時間，我帶著男孩們一起製做焦糖蘋果、繪製復活節彩蛋等等，讓他們大開眼界。他們過去受虐的遭遇讓我吃驚，但外人對他們根深柢固的歧視更令我難以置信。每次帶著他們集體出門採購上學文具用品時，店員總是緊盯著我們，彷彿這群孩子是去偷東西而非購物，感覺令人非常不舒服。我心裡清楚，下次若我一個人進店消費，所受待遇會完全不一樣。有次到社區中心的泳池，工作人員對著這群男孩說教，要他們循規蹈矩，不准亂來，不過他們卻未這麼對待排在我們前面買票進場的任何一位顧客。就連學校也帶著有色眼鏡。輔導對象中有一位曾混過幫派，校方不知該不該讓他加入足球校隊而展開激辯。但若不給他或其他男孩機會、不栽培他、不讓他加入團體結交朋友，他要如何在運動場與人生裡找到一片天？

這些少年的童年過得慘澹，慘遭肉體虐待、性虐待、棄養、疏忽照顧、貧窮、目睹凶狠暴行等等，有時候問題過於沉重，似乎無解，因此我掌握先小後大的道理。我跟孩子合力找出簡單又可行的辦法，先解決他們能力所及的問題。雖然他們無法改變原生家庭，也無法改變他人歧視黑人少年的心態，但他們可以選擇每天積極地生活，經營自己想要的人生。他們可以認真準備拼字考試，做好自己每天該做的例行工作（不會找藉口討價還價），主動對朋友伸出援手，並為自己這些小小成就感到自豪。他們可以選擇在校表現要好要壞，可以決定怎麼和他人相處，可以善用現有的教育機會，可以向身邊希望他們出人頭地的大人們尋求協助。一旦遠離凌虐、幫派、毒品、暴力等不堪的過去，這些少年至少能應付日常生活上的基本需求，不必急著決定自己未來要做什麼。不過這招有時候行得通，有時候卻未必管用。

拜託，不要忘記我們

離開愛迪生公園之家四年後，有天周六下午我用娃娃車推著兒子在芝加哥西北部的蓋普（GAP）暢貨中心購物，期間店內一位保全人員一直盯著我看。當時店裡有幾位客人正在挑選吊衣架上的成衣，但不管我走到哪裡，那位保全的眼光一直跟著我。我忍不住動怒，心想他該不會懷疑我是來偷東西的吧，直到這位不苟言笑的保全咧嘴對我笑道：「史黛西，這是你的小孩嗎？」原來是詹姆士。他不僅找到薪優的工作，再過幾周將從社區大學畢業取得准學士學位，不久前還自願入伍，成為募兵之一。他告訴我，幾個男孩也像他一樣一步步往自己預設的目標邁進，但有一人入獄服刑，還有一人變成毒販。

任職於愛迪生公園之家是我職涯初期最美好的事。過去我認為想要了解人群必須離開美國，見識外面的世界。但現實生活裡，距離我故鄉只有九十六公里的世界就大到讓我目不暇給。那些少年是我人生旅途的嚮導，讓我見識到歧視也讓我看到人的韌性。

離開愛迪生公園之家後，我進研究所深造，並認識我先生布萊德。若當時被和平工作團錄取，我應會在非洲某個地方挖地蓋乾淨的廁所吧，無緣與布萊德一起出席芝加哥有名的教會封街派對。我通常跟朋友說我們相識於教會，其實這麼說也通。

一九九三年，我和布萊德相識於全球規模最大的聖派翠克封街派對。老聖派翠克教堂是芝加哥歷史最悠久的公共建築之一，一八七一年芝加哥大火，市中心僅少數建築逃過一劫，教堂是其中之一。神父傑克．沃爾（Jack Wall）一九八三年接管芝加哥教區，老聖派翠克教堂正面臨倒閉的危機，名冊上只有四位註冊教友。沃爾神父無畏困境，為教堂量身訂做一個別出心裁的行銷計畫，讓老聖派翠克教堂出面主辦一年一度世上最盛大的封街派對，靠著啤酒與音樂號召人群，進而累積教友人數。第一屆封街派對吸引逾五千人參加，隨著派對名氣漸響，教友人數也跟著增加，號稱至今已突破五千人。

我跟布萊德當時都不曉得，沃爾神父的封街派對之所以享譽全美，不僅因為它讓瀕於關門的教會重生，更因為它扮紅娘的功力。至我們一九九三年相遇結緣為止，已有六十多對邂逅於封街派對的佳人步上紅毯，我跟布萊德也沾到這份喜氣。封街派對過後六個月左右，布萊德向我求婚，同年夏天我們在伊利諾州春田市的中央浸信會教堂舉行婚禮，然後在伊利諾州州長官邸（布萊德父母的住所）辦了盛大婚宴。

我的夫家非常活躍。嫁進去那年，公公吉姆．艾德格（Jim Edgar）已在伊利諾州擔任十年的州務卿與四年的州長。和布萊德一九九四年夏共結連理時，正值吉姆爭取州長連任，最後輕鬆勝出。婆婆布蘭達身為州長夫人的表現，最讓我刮目相看。她婚後長達二十年在家相夫教子，如今兩個孩子已經長大，遂走出家庭，關注伊利諾州的婦女與兒童。她率先倡議幾個別出心裁的州層級計畫，包括全州閱讀倡議；名為好友一起來（Friend to Friend）的婦女健康資源分享；兒童汽車安全座椅上的專用標籤CHAD，用以識別身陷車禍的兒童身分。至於最具影響力、受惠人數也最多的助我成長計畫，則與麥當勞基金會合作，提供伊利諾州全州低收入戶兒童疫苗注射與醫療保健服務。不過最受布蘭達青睞的是她親自操刀設計的填充玩偶胡嘉比熊（P.J. Hugabee）。布蘭達和她的得力助手湯姆．福克納（Tom Faulkner）說服馬歇爾菲爾德百貨（Marshall Field's，之後與梅西百貨合併）與之結盟，讓胡嘉比進軍芝加哥市中心的旗艦店販售。胡嘉比不只是一隻普通的泰迪熊，還身負公益的重任。因為每賣出一隻胡嘉比，馬歇爾菲爾德百貨同意再捐出一隻送給伊利諾州的寄養兒童。布蘭達用她的方法溫暖了伊州最孤單的孩子，讓他們從胡嘉比的擁抱中得到寄託和依靠。

一九九九年一月，公公吉姆的州長任期接近尾聲，聯合國世界糧食計畫署邀請他和布蘭達到不同的委員會任職。布蘭達的朋友凱瑟琳．貝提尼（Catherine Bertini）是世界糧食計畫署的負責人，她有個不錯的構想，希望在署內成立婦女輔委會，結合志趣相同、有影響力的女性，以便集思廣益，當然也希望為該署尋求資金贊助。過沒多久，布蘭達就受邀加入這個團隊。

凱瑟琳具遠見，善於落實方針與策略，協助改善糧食計畫署在世界各地的援助成效。在開發中國家，往往因為基礎設施不足或官員貪贓枉法，物資無法順利配送。貪腐往往和權勢掛鉤，也往往出現在糧食不足的地區，有權就能掌控大量的消費性商品。有權有勢者把理應免費配送給民眾的援糧拿來販賣牟利。糧食計畫署雖有辦法調查並限制官員濫用的惡行，但這麼多掌控配送援糧的男子涉貪，著實令人不解。凱瑟琳擅長分析各種社會動因，希望這些動因有助於食物配送，進而改善人民營養不良的狀況，並實現諸多社會目標：包括讓兒童順利完成學業；傳授更棒的農耕技術，提高農作物收成量，解決當地飢荒問題；創造就業機會，讓家家戶戶買得起所需食物。我很欣賞她務實的做法。她雖然是世界糧食計畫署政策面的負責人，卻比任何人更戮力於小而美的行動，實質改變他人的生活。

凱瑟琳轄下的工作人員曾在阿富汗推動食用油補助計畫。糧食計畫署發現，阿富汗家庭和世上諸多地區一樣，習慣讓女兒留在家中幫忙家務，不讓她們上學。凱瑟琳團隊因而想出一個妙招，善用每周配給免費食用油給符合資格家庭的機會，鼓勵阿富汗父母讓女兒上學。按規定，若女學生一周全勤，沒有蹺一天課，周末便可領到供全家食用的配給油。若否，將喪失配給資格。換言之，食用油配給機會取決於女兒就學機會。結果發現，推動食用油獎勵女孩受教的地區，女孩的出勤率大增。

二〇〇〇年一月，布蘭達第一次代表世界糧食計畫署出訪衣索比亞。婆婆是身經百戰的旅遊老鳥，也在伊利諾州幫助過許多低收入婦女與家庭，自認為衣索比亞行做好了萬全準備，不過目睹衣索比亞現況後，她忍不住吃了一驚。當地人民每天為資源、糧食、飲水、柴薪等疲於奔命，已影響到日常生活的各個層面。布蘭達在美國認識的衣索比亞人，男的俊女的美，身材高挑勻稱，讓她印象深刻。反觀在衣索比亞，營養不良造成許多兒童發育不全，十二、三歲的孩子外觀看起來只有五、六歲。雙胞胎很普遍，但當地人告訴世界糧食計畫署參訪團，多數母親無法同時餵飽兩個新生兒，只好放任其中一個自生自滅。衣索比亞寸草不生，放眼望去都是不毛之地，因為樹木幾乎都被砍了當柴燒。砍柴與背柴的粗重工作似乎全由女性包辦。到處可見身材瘦小的女性馱著背扛著一大捆柴薪走在路上。衣索比亞全國各地的公共基礎建設嚴重不足，就連首都阿迪斯阿貝巴也不例外。看到婦女徒手修建一條幹道，布蘭達難掩吃驚。無論是抬重物、搬重物，將厚重石塊崁進人行道路面等重活，都是女性上陣，男人則在一旁袖手觀看。天氣溼熱，石塊又滑又重，婦女們腳下的泥濘也是又濕又滑。她們衣著襤褸，有人赤腳，有人雖穿著鞋子，但鞋子不防滑，起不了任何保護作用。若連首都都這麼落後，遑論偏鄉。

布蘭達和同行的夥伴們搭乘聯合國提供的吉普車，在泥巴路上奔馳四個小時，深入衣索比亞的鄉間。車子大老遠開來，快接近目的地時，布蘭達只看到區區幾間茅屋或房舍，一群男女在山丘上工作。山丘大是大，卻很貧瘠，但村民們辛勤地整地，希望能充作耕地，種些農作物。婦女們搬石頭，堆疊成牆，男子用陽春的鋤頭鏟鬆硬化的地面，附近看不到水源。布蘭達回國後打電話給我：「每個人的衣服又髒又破，他們什麼都沒有。他們窮得不像我們在美國看到的窮人，他們窮到一無所有，什麼都沒有。」

布蘭達說，看到那些人這麼努力，但最後可能只是白忙一場，讓她傷心得想哭。她坦言：「我一度希望看到的只是照片或影片，但沒有一張照片可以如實呈現這些人的生活真相與窮困程度。」

布蘭達此行開啟了我們婆媳兩人持續數年的對話與討論。起初我列了一張清單給布蘭達，上面有我諸多想法，建議婦女輔委會該怎麼做才能點燃大家對世界糧食計畫署的熱情。其中一個辦法是在全國招募像我一樣的女性，我們不是州長夫人，也不是位居要津的企業女執行長，只是家庭主婦、老師、美髮師等小人物，我們關心世界卻不知如何參與，也不知能幫什麼忙。輔委會的委員之一是蒂芙尼公司（Tiffany & Co.）的副總裁，我心想她可以安排紐約或芝加哥的蒂芙尼專賣店主辦特賣會，讓衣索比亞婦女手作的珠寶風光進入蒂芙尼，即使只有一晚也好。我心想，輔委會應該在各個學校宣傳或開講，號召學生以行動對抗飢餓。輔委會應該採購衣索比亞婦女製作的商品，然後在一些活動上或家庭派對上義賣，藉此喚起大家的意識，同時募款。要不然，輔委會至少也可為世界糧食計畫署主辦募款活動。可惜所有建議都是只聞樓梯響。

布蘭達念念不忘她在衣索比亞偏鄉認識的婦女，非常關心她們的命運，每天誠心誠意為她們祈禱。她這份心意讓我非常感動與敬佩，但極具影響力的輔委會則讓我沮喪。裡面有這麼多人脈面廣又舉足輕重的女性成員，大可發揮她們的影響力，但大家似乎對於眼前問題無能為力，覺得人民太窮，政府太腐敗，問題難以克服。世界糧食計畫署的輔委會似乎覺得一小步不過是杯水車薪，無濟於事，因此原地踏步，裹足不前。至少在我看來是如此。

某天下午，我們婆媳兩人又在電話裡談到這個話題。布蘭達坦言：「那位站在吉普車外迎接我們的女委員，我腦海至今仍響起她的聲音。我不記得她說的每一句話，因為她說的又快又急，我不確定口譯有沒有一字不漏地跟上，但我清楚記得她懇求我：『拜託，拜託不要忘記我們！』」電話彼端停頓了許久。「我從來沒忘記，也永遠不會忘記，但我能做什麼？」布蘭達和吉姆是行動派，能落實計畫。兩人擔任伊利諾州長與州長夫人期間，我一次又一次看到，他們一發現人民的問題後，迅速行動嘗試找出解決辦法。但布蘭達目睹衣索比亞一貧如洗的現況後，即使能力強、人脈廣如她，仍覺得束手無策，無力改變。

「我們應該做點什麼？」我堅定地說：「我們可以做點什麼！」

「沒錯！」布蘭達附和道。

接著我家樓上傳來小孩起床的尖叫聲。「凱莉安醒了。」我說。

「妳先掛了吧，我們之後再聊。」布蘭達說。

一如其他許多妙點子，才冒出了火花，但還來不及發光發熱，就被日常俗務澆熄。布蘭達陪著半退休的A型老公吉姆繼續在全國各地奔走，我也忙著照顧孩子與家庭。換尿布、張羅三餐佔去每天大部分的時間，幫助衣索比亞婦女的願望暫時退居第二線。

九一一呼救

「世界是圓的，看似盡頭之處可能只是起點。」

——艾薇・貝克・普里斯特（Ivy Baker Priest，美國財務部前官員）

艾珍婷個兒矮小，站起來身高不到一四〇公分，因為小兒麻痺，走路須仰賴兩支拐杖，腿部也穿上大型金屬支架。儘管身材矮小且患有小兒麻痺，艾珍婷卻克服了諸多難以招架的障礙，在戰火頻仍的剛果東部偏鄉長大成人。艾珍婷目前在剛果戈馬市一間女藝匠合作社SHONA擔任裁縫師，為姊妹共創社縫製獨一無二圖案的托特包和上衣。艾珍婷在身障者中心學會縫紉以及基本的讀寫能力，也在身障者中心接受身障手術與後續治療。SHONA提供艾珍婷以及其他身障人士建立姊妹情誼的管道，也讓她有機會發揮縫紉技藝，賺錢維持生計。艾珍婷的工資不僅夠她獨立生活，甚至還有餘力支付她弟妹們的學費，以及照料她的母親。在剛果，任何年輕女性能有這樣的成就的確了不起，不過深入認識艾珍婷一路走來的歷程後，你會更佩服她的不凡。

勇敢的母親

艾珍婷出身於赤貧家庭，兒時感染小兒痲痺病毒時，家人根本無法送她到醫院治療。艾珍婷只能待在偏鄉的家中，哪兒也去不了，沒多久雙腿就廢了。她沒上過一天學，也無法做正常小孩能做的事。剛果東部的戰事愈演愈烈，艾珍婷的母親面對難以抉擇的重擔：究竟該怎麼做，才能保護身障幼女不受武裝分子的傷害？在剛果東部，就連幼童也知道逃以求自保，但一個腿廢的孩子，連家裡的房門都出不了，何況遠離危險？艾珍婷的母親既沒有錢遷至更安全的地方，還有其他五個小孩需要照料，因此想出一個權宜之計。她背著艾珍婷到叢林，找塊地挖個洞，將艾珍婷放入洞裡，再在洞口鋪上灌木，以免別人發現。接下來數天，甚至數周，艾珍婷就待在洞裡，唱歌給自己聽以及禱告。白天，她的母親忙於照顧其他孩子以及覓食，晚上才回到叢林的洞裡，餵艾珍婷吃東西並陪她睡覺。隔天艾珍婷的母親再度離她而去，為一家子張羅更多糧食，這時她告訴艾珍婷，若接下來幾天她都沒回來，上帝會代她照顧她。艾珍婷讚嘆母愛真偉大，感念母親背著她走進叢林。她也對這輩子不離不棄扛著她前行的上帝心懷感激。

上帝也用另類的方式，居中安排我與艾珍婷以及與她際遇類似的女子結緣，一切都要從救護車說起。二〇〇一年，一個秋高氣爽的日子，我悠悠睜開眼睛，看到一盞圓頂燈，努力回想剛剛究竟發生了什麼事。不久前震天價響鄰里的救護車鳴笛聲突然沒有了聲音，車速也慢了下來，救護人員一改和時間賽跑的救命行動，氣定神閒又悠哉地彷若在遊車河。當下我心理明白，當天若不幸蒙主寵召，死因應該是羞愧，而非病死。

坐在我身旁的救護人員是位年輕男子，他也正是兒子達科塔有次在幼稚園校外教學參觀消防局時負責接待解說的人。我一邊看著他用電話向調派中心回報我的生命跡象一切正常，一邊暗自祈禱，希望他記不得我了。

我當時在家，身邊有三個年幼孩子以及兒子的一個朋友，本來要載他們去踢足球，突然胸痛欲裂，全身每條神經莫不陷入恐慌，整個人暈頭轉向。我以為自己死定了，完全沒辦法履行父母以及司機的責任。因為一時的恐懼，我只好撥九一一叫救護車。

平時我自信十足，儘管稱不上有條不紊，卻也不會自亂陣腳。親朋好友凡事都喜歡徵詢我的建議，戀愛、家族企業裡親戚之間的應對進退、哺乳，乃至如何兼顧母職與兼差工作等等，各種疑難雜症都有。回想甫從伊利諾州老家搬到科羅拉多州時，多虧一群彼此扶持、共同經歷為人母酸甜苦辣的好姊妹，我才能在新環境如魚得水，養育嗷嗷待哺的小孩。那時，我在丹佛的公立學校兼差，有時還陪產，協助十幾歲未婚媽媽分娩。所以三十一歲的我怎會把一時焦慮症發作誤以為是心臟病發？還因此被送上了救護車？

我有三個小孩，每個孩子出生後的第一年，剛好都碰上美國國內發生大災難，因此母職對我影響甚巨，也讓我備感沉重，彷彿整個世界的重量都壓在我肩上。其實，我樂於當個母親，照顧這些從我肚裡來到世上的可愛小孩。但這世界已變樣，和我所想的相去甚遠。身為一個行動派的社工，我習於客觀分析輔導對象遭遇的問題，再想辦法安排更適合他們的落腳處。不論輔導對象接受我的辦法與否，多數問題都能漂亮地迎刃而解。社工不能一一改善每個個案的問題，但多數時候至少能提供個案往正確方向而行的具體辦法。因此孩子尚在襁褓期間碰上國家發生重大悲劇，我覺得自己彷彿在毫無準備下遭人暗算，想不出辦法改變世界的現狀，這種無力感，一如艾珍婷的母親面對女兒遭小兒麻痺病毒奪去雙腿行走能力時，同樣也是無能為力。

長子達科塔出世時，碰上奧克拉荷馬市聯邦大樓的爆炸案。懷孕期間，我在伊利諾州格蘭威（Glenview）的格蘭布魯克南（Glenbrook South）高中實習，擔任該校的社工。我已事先請好假待產，畢竟接受輔導的學生在中斷療程之前，需要時間調適，我總不能等到陣痛開始，突然棄輔導到一半的學生而去吧。身為樂觀的準新手媽媽，我決定上班至預產期的前一周，然後才開始請產假。我當時住在無電梯的三層樓公寓頂樓，公寓只有一房，面對芝加哥北區的葛雷斯蘭德墓園（Graceland Cemetery）。由於室內空間太小，想不出能在屋裡做什麼為生產預作必要的準備。待產期間，我心想達科塔可能會提早報到，或者至少能照著預產期的日子準時出世。我花了幾天打掃房子，將連身衣服拿到地下室的投幣式自助洗衣機洗烘，把產後可能會吃的飯菜放進冰箱冷凍，如廁時小心留意身體有沒有排出子宮頸黏液塞（從拉梅茲課上學到這是一種表示子宮開始收縮的產兆）等等，不過最後還是決定看電視上一些不錯的老片打發時間。一九九五年四月十九日，我一個人坐在小台電視機前，心理充滿恐懼。懷孕的女人原本就愛哭，不過看到螢幕上救護人員從聯邦大樓托兒所廢墟裡抬出一具具了無生氣、渾身是血的幼小身軀，我哭到一發不可收拾。十五天後，達科塔出世。我親眼目睹爆炸案暴露的仇視與恨意，唯一能力抗的辦法就是盡可能愛護我這新生兒，希望世上再也不會發生這種心狠手辣的殺童慘案。

過了三年，在一九九九年四月，我載著達科塔以及快滿十個月大的凱莉安回家，我們剛結束早上的遊戲聚會。開車途中，廣播電台突然插播一則新聞，打斷原本播放的音樂。新聞稱，距離我新家不到十六公里的科倫拜中學發生警民對峙。隔天，我接到全國社工協會科羅拉多分會的通知，要我協助輔導持槍歹徒對學生大開殺戒後餘悸猶存的倖存學生，減低他們的創傷衝擊。我在肯凱羅（Ken Caryl）中學安撫受創孩子，向他們保證，下學年他們回到科倫拜中學，安全一定無虞。我也接聽社區成立的求助熱線，傾聽來電者訴說看到身穿風衣的十幾歲青少年仍有揮之不去的恐懼，也聽著大家因這起槍擊案而被掀開的心靈舊傷。科羅拉多動員州裡每一位受過訓練的專業人士擔任志工，我們竭盡全力向家長、孩子、全社區，以及我們自己再三保證，一切都會沒事，生活會再度恢復正常。

就在老么艾莉再過兩周就要慶祝她一歲生日時，發生了兩架客機衝撞紐約世貿大樓的恐怖攻擊。和其他數百萬美國人一樣，我完全不敢相信那兩棟高聳大樓竟會眼睜睜被夷為平地。我的丈夫布萊德一年前才在世貿大樓的摩根士丹利總部接受為期三周的培訓。事發後，我一再打電話連絡在《風格》（*In Style*）雜誌上班的安，打到她在曼哈頓中城的辦公室、她的住家、她的手機，但電話老是打不通。就跟每一位拚了命打電話連絡紐約親友但電話卻老是忙線的人一樣，我心急如焚、心慌意亂。我把電視調成靜音以免孩子聽到不斷發出的尖叫聲，以及大家對此事的諸多臆測。我抹去流理台上的碎屑，重新把水注入兒童用的吸管杯，倒出一把把的小金魚脆餅。當我看著反覆播放的衝撞畫面時，淚無聲流了下來。安終於回電，她波瀾不驚地說：「我們大家都在走路，整個城市都是如此，所有人都走路回家。」

九一一之後，名嘴們每晚在新聞節目裡開玩笑地針對新形態宗教戰爭——聖戰，發表高見。民眾公開倡議以種族膚色等外貌分辨好人壞人，呼籲封鎖邊境等等，整個社會充斥負面能量，即使還不到仇視彼此的地步。電視上出現從頭到腳被罩袍蓋住的阿富汗婦女，民眾從中得知阿富汗婦女被歧視女性的塔利班政權壓迫與箝制。我開車去幼稚園接小孩或是去好市多採買零食與點心時，心裡不禁想著：我究竟把三個孩子帶到一個怎麼樣的世界？我該怎麼做才能改變這個世界？

丟臉地坐上救護車後，隔天早上醒來時，我開始評估各種選項。我大可不顧顏面地說自己有廣場恐懼症，因此再也不用踏出家門一步。不過我何不逆向操作，既然外面世界糟到我無力招架，所以我該做些什麼勇敢迎戰。我的恐慌症發作無非是因為擔心孩子的未來，畢竟這世界彷若溜滑梯快速往下沉淪。但我的內心以及經驗告訴我，想要改變生命裡令人不快的事與物，唯有付之行動。連住在科羅拉多郊區梅貝瑞（Mayberry）的我，都無力保障自己孩子的安全，那麼其他地方的母親究竟怎麼熬過來的？那些深受旱災、饑荒、貧窮、戰火之害的母親怎麼辦？她們的孩子是活是死呢？

每次思考以及摸索自己能做什麼時，我就會想到婆婆布蘭達。她曾代表聯合國糧食計畫署出訪，參觀接受糧食計畫署援助的機構，這些機構往往也贊助當地婦女經營一些小生意，讓她們掙些錢維持生計。布蘭達送我一些她們手作的籃子、項鍊、圍巾等等。我對這些禮物愛不釋手，但一想到這些才華洋溢的婦女只能將每天日以繼夜辛苦做出的美麗手藝品賣給一小群工作人員，心裡就替她們不平。她們需要更大、更穩定的市場。她們多半跟我一樣已為人母。在當今變動快速、時而無情的世界裡，母親是個保護傘，要負責賺錢養家，保護小孩的安全與安穩。世上不乏和艾珍婷母親一樣的女性，想方設法保護自己的孩子，背著孩子到林子，以免女兒被戰火所傷。我現在也是個母親，希望觸角能伸向艾珍婷、艾珍婷勇敢的母親、被布袍蓋住全身的婦女，以及布蘭達在衣索比亞村落認識的婦女，希望在她們和我之間搭起一座互惠雙方人生的橋樑。

全球約十三億人每天生活費不到一美元，其中女性就佔了七成，相當於九億婦女人口每天只能靠不到一美元過活與養育孩子。聯合國估計全球兩千七百萬難民中，近八成是女性。由於無受教管道，逾六十萬婦女無讀寫能力。在許多開發中國家，婦女不得擁有財產，借貸處處碰壁，慘遭人口販子走私賤賣為性奴，感染ＨＩＶ愛滋病毒的比例是男性的兩倍。這些婦女需要屬於她們的九一一求救專線。

公平貿易運動

諾貝爾和平獎得主穆罕默德．尤努斯（Muhammad Yunus）曾受邀在丹佛召開的青年社會企業與微經濟機會育成大會演講，會場人山人海。他稱窮人為盆栽。他說：「問題不在種子。我們生而平等，一開始都是種子，問題出在花盆的大小。」睽諸歷史，人類潛力往往被低估，成長往往被扼殺，這現象在女性身上尤其明顯。在開發中國家，甚至在美國貧窮的城鄉，民眾發展受限不是因為能力不足，而是缺乏機會之故——若要說花盆太小也行。若大家和我一樣深信人人生而平等，學習、賺錢、生活等能力不輸他人，那麼為什麼在我們這顆名為地球的小行星上，大家的收入、健康、教育竟存在巨大的落差？

一切都是機會使然。

實在很難想像日復一日每天只靠不到一美元過日子。一天三餐，該選擇吃哪一餐呢？或者應該問，有三餐可吃嗎？而這樣的人多達十三億。十三億到底是多少？若以暴雪所下的雪片、大海的水滴計算，也許就是這個數字，但十三億的人口，實在是匪夷所思。全球人口約六十億，平均每六人就有一人無法滿足食住等基本需求。但剩下的五人中，平均有兩人也好不到哪裡。世上將近三十億人（相當於一半人口）每天的生活費不到兩美元。其中婦女和孩童的際遇最糟糕，孩童最可能被貧窮奪去一命。根據聯合國兒童基金會的統計，每天約有兩萬六千五百至三萬名孩童死於貧窮。

為了拿到學位，我需要找個實習工作。就讀大學時曾兼差當保姆，經這位雇主安排，得以擔任家庭第一專案的個案助理。家庭第一是由伊利諾州的路德會社服中心（Lutheran Social Services）主持，擔任個案助理期間，透過「貧窮鏡」首次目睹到弱勢婦女的生活。伊利諾州兒童及家庭服務署（DCFS）若發現小孩疑似被虐或疏於照顧，會通報家庭第一。若個案沒有立即的危險，兒童及家庭服務署會要求家庭第一派家訪員連續三個月到個案的家裡，密集輔導對方家長，以免孩子被送到寄養家庭。我第一個獨立輔導的個案（我叫她珍妮），讓人印象深刻，至今記憶猶新。我在某天傍晚接到兒童及家庭服務署通報。在冰天凍地的二月，珍妮卻和三歲的女兒一起睡在車上而被控對孩子疏於照顧。母女兩人無家可歸，若珍妮不立刻替女兒找到安全的棲身地，兩人可能因為寄養制度而被迫分開。家庭第一出面做最後的努力，協助珍妮找到適當的落腳處，以免她失去女兒的監護權。輔導個案的社工通常傍晚就下班，回家和家人團聚，我卻載著珍妮在城裡趴趴走，一一拜訪屈指可數的緊急收容中心與社福機構。最後終於說服救世軍的工作人員提供珍妮一周的廉價旅館住宿券，多了這一個禮拜，我們有更多時間作其他打算。

這次的經驗對我是個轉捩點。認識珍妮之前，我所處的世界美好又舒適，二十一年的人生輕鬆順遂又備受呵護。為了安置珍妮，我傍晚還得開著車到處請託對方，我不但不覺得煩，反而被點燃了熱情，想為那些不幸的姊妹們做些什麼。雖然這股熱情要再花十二年才進化為創業，但我那時已明白，女性若沒有錢，碰到情急時，可用的選項將少之又少，成長的機會才出現可能就被切斷。我們必須齊力合作織造更牢固的安全網。

恐慌症發作後，我仰賴一群姊妹淘織造的安全網度過難關，生活也回到正軌。在此之前，我一再迴避參加玫琳凱（Mary Kay）、嬌寵廚師（Pampered Chef）和特百惠（Tupperware）等直銷商的主婦派對。我也不太參加在郊區舉辦的強迫買聚會，因為我知道自己若在那兒吃喝了姊妹們張羅的飲料與點心，最後卻沒下單訂購最新上市卻貴得離譜的蠟燭，會被排擠冷凍。我拒絕一個又一個邀請，以免禁不起同儕的壓力與誘哄，買下一些我根本負擔不起的商品。姊妹們忙著試吃試吃易（Tastefully Simple）、試戴席帕達（Silpada）純銀首飾、試穿喀比時尚館（CAbi fashion）服飾、試用創憶（Creative Memories）剪貼簿、試喝每月一酒俱樂部（Wine of the Month Club）的美酒時，我都待在家裡。但恐慌症發作讓我陷入始料未及的低潮，突然變得很想和姊妹們聚會，而且愈頻繁愈好。只要能和大家聚會，即使是品酒，買些沒必要的東西也沒關係。

我從參加派對漸漸當起派對的主人，派對後來莫名其妙地成了直銷的管道。我加入美體小舖（The Body Shop at Home）直銷事業。我一直很欣賞美體小舖活躍、不墨守成規的創辦人安妮塔・羅迪克（Anita Roddick），喜歡美體小舖的產品，認同美體小舖拒絕動物實驗的政策，贊同美體小舖透過社區買賣計畫取得生產原料，協助全世界低收入社區。沒多久我就用美體小舖的乳液成功拉攏到本社區一群七嘴八舌的婦女愛用者。由於最近的一間美體小舖距離我們住家不過十六公里，因此可享免運費、免手續費等優惠。多虧這些好姊妹幫忙，我一個月就達到一萬美元的業績。成功的魔法並非乳液（lotion）而是地利（location），因為家裡就可買賣，免去舟車往返。

賣了幾個月乳液之後，布蘭達三年多前和我提及的全球婦女協助計畫似乎可行在望。我重新評估進口與銷售與布蘭達有一面之緣的女性手作品。許久之前，我曾向布蘭達建議，她的委員會應幫忙世界糧食計畫署贊助的婦女小生意，購買再轉賣她們的產品。現在我卻覺得，不如自己試著來做這件事，說不定我真能幫助亟需機會的女性同胞賣出東西。說不定，布蘭達從非洲帶回來的紀念品可以搖身變成婦女維持穩定生計的工具。這些她出訪認識的婦女一直讓我們兩人掛心。說不定我可以號召美體小舖的堅定支持者，掏腰包買東西幫助其他女性脫貧。說不定我可以向最要好的女性友人請益，以利這構想付諸實踐。孩子們等校車時，一旁的媽媽們也忙著交換意見，我覺得這些媽媽團絲毫不輸智囊團，若這些媽媽智多星可以趁孩子上學時互相合作，說不定能改變世界。就算只能讓一位女性改變，這想法就非常值得一試。

我決定把恐慌症發作視為當頭棒喝。我也把三個孩子出生前後不幸發生的悲劇當成提醒，督促我以行動協助全球女性。若我希望自己和孩子的世界變得更好，我就該和那些遠在地球一端、從未謀面的女性同胞站在一起，確保她們和孩子可過更好的生活。

我開始閱讀、研究，想知道有關公平貿易的一切。在美國，公平貿易運動始於一九四〇年代後期，由兩個非營利組織率先發起。一個是萬村會（Ten Thousand Villages），它原名：海外針黹及手工藝品計畫，隸屬於門諾會互助促進社（Mennonite Central Committee）。另一個組織是服務國際（SERRV International），成立初衷是協助二戰後的難民。這兩個非營利組織從開發中以及戰後國家進口手工藝品，然後在家庭、教會、市集裡義賣，將募得款項用於幫助這些藝匠。一開始，商品的品質好壞、暢銷與否，並非最重要考量。這種基於慈善心腸而非只想著生意的初衷，讓美國的公平貿易運動在最初五十年，以牛步的速度成長。未能協助落後國家的手工藝匠掌握當前市場趨勢，結果公平貿易的產品多半打不進西方主流市場。萬村會、服務國際等公平貿易運動的先驅，長時間下來還是對開發中國家藝匠的生活起了重大影響，這點毋庸置疑。他們的基層志工在全美各地教堂教育民眾，讓他們了解開發中國家藝匠的經濟需求。這兩個組織也制定符合倫理與良心的貿易標準，訂定藝匠該有的薪資與福利基準。但公平貿易何以停滯不前，我認為問題出在商品。

我稱這為：木雕長頸鹿現象。我認識的人當中，沒有人把木雕長頸鹿列為生日禮物的首選。準備母親節等應節禮物時，這種木雕多半也不被列為採買重點。雖然我對非洲的一切有著濃厚興趣，卻從不奢望別人送我一隻木雕長頸鹿。我並非對木雕長頸鹿有什麼不滿，一切的牢騷出於沒有教導開發中國家的藝匠了解主流消費者的好惡，導致商品欠缺買氣，連帶個人與社區的生活也得不到改善。募款是公平貿易機構的真正收入來源，所以這類機構不會要求旗下藝匠跟著市場成長或改變，影響所及，藝匠雕出來的長頸鹿乏人問津，有增無減地堆放在教堂地下室蒙塵，直到隔年再拿出來義賣。

我的公司不一樣，會專注於美國女性喜歡的東西。如果可以讓貧窮女藝匠根據當前的流行趨勢，製作錢包、首飾、成衣等，也許能打開公平貿易的新局，不僅公司營收穩定成長，每季都有推陳出新的流行款式，藝匠每季也都可接到工作。我想重新教育消費者，讓她們一改到商場或百貨公司購物的習慣，改由在我這裡搜尋走在時尚尖端的商品，進而幫助不幸的姊妹們脫貧。

用愛心做小事

網際網路為我和世界各地從未謀面的女性搭起橋樑。我首先聯繫雙子信託（The Gemini Trust），這是布蘭達在衣索比亞首都阿迪斯阿貝巴參訪的團體之一。該信託成立於一九八三年，創辦人是美籍小兒科醫師卡蜜拉·葛林·阿貝特（Carmela Green Abate），宗旨是協助育有雙胞胎的赤貧家庭。在阿迪斯阿貝巴的貧民窟，雙生子比例頗高，他們多半早產、體重過輕，其中三成活不過一歲，每天都在死亡邊緣掙扎。營養不良的母親奶水不夠，只好改餵新生兒沖泡的配方奶，由於沖泡的水不衛生，嬰兒往往出現上吐下瀉等嚴重症狀，導致營養不良、健康不堪一擊。其實，生下雙胞胎的家庭往往沒有足夠糧食養活小孩，所以雙子信託努力挽救在死亡邊緣掙扎的嬰兒，也努力協助這些家庭走出陰霾，重新擁抱健康、希望和尊嚴。雙子信託不僅提供保健服務，也贊助可增加收入的計畫，改善貧窮現象。我和卡蜜拉合作，向雙子信託贊助的婦女創業行動購買九十條項鍊。這個女性小團體擅長編製籃子、衣索比亞十字架等手工藝品。我坦白告訴卡蜜拉，不知美國女性是否喜歡我的理念或商品，所以我猛澆她冷水，以免她期待過高。我稱自己可能就只進貨這麼一次，但她回答，這九十條項鍊相當於一年的銷售量，所以我買多少都沒關係。

我公司進口的第一批貨還出自另外兩個海外女子合作社，以及國內四個讓女性以工代賑的非營利團體。後者包括婦女豆豆計畫（Women's Bean Project）與奮進廚房（The Enterprising Kitchen）。喬西·艾爾（Jossy Eyre）一九八九年在丹佛創辦婦女豆豆計畫，旨在幫助女性脫離貧窮和失業的惡性循環。在這之前，喬西長期在聚會處（The Gathering Place）擔任志工，那是丹佛唯一一間在日間收容無家可歸婦孺的庇護所。聚會處雖能提供婦女食、住、人身安全等基本需求，但喬西認為這只是救急，她希望能提供婦女工作機會，徹底改變她們的人生。於是她買了五百美元的豆子，讓兩個無家可歸的女子負責將各種豆子按比例裝到袋子裡，變成綜合豆求售。

她相信，透過經營生意可教導女性一些職場所需技能，進而協助她們擺脫長期失業與貧窮生活。從售出第一批綜合豆開始，婦女豆豆計畫慢慢茁壯成社會企業，打入數百位科羅拉多女性的生活。

瓊恩．皮卡斯（Joan Pikas）在芝加哥創辦奮進廚房之前是位老師，教導學生識字，並協助成人準備高中同等學歷鑑定考試，但愈教愈沮喪的她說：「很多學生幾乎是文盲，有些則有學習障礙。他們可能通不過考試，但他們會一直將人生虛擲在考試上，直到他們通過鑑定為止。其實他們得另覓管道才能脫貧，因此我開始思考，怎麼助他們適得其所。」瓊恩的想法和喬西雷同，認為女性要逆轉人生關鍵在於擁有一技之長以及有意義的工作，這樣才能長保獨立。一開始，瓊恩教導婦女怎麼包裝有機穀物，卻發現這類產品很難打入芝加哥市場。後來朋友建議她改做肥皂，結果發現，以有機植物和精油製造肥皂不如想像困難。於是瓊恩教導那些無家可歸、仰賴福利補助、曾被家暴的婦女們製作肥皂，開啟她們全新人生。蕭娜就是其一。

蕭娜和我同年，但她生了六個小孩，年紀從六歲到二十三歲不等。兩人當年念中學期間，我和朋友開心玩樂時，與我相距約九十七公里的蕭娜才十五歲便已未婚生子。她不但年紀輕輕就當了單親媽媽，所住的芝加哥社區也是龍蛇雜處，加上沒有中學文憑，因此苦無機會，處處碰壁。後來一連串錯誤的選擇，導致人生一蹶不振，難以收拾。她加入奮進廚房時，正在努力戒毒，孩子也被兒童及家庭服務署帶走另外安置，她已對未來不抱任何希望。奮進廚房讓她重新回到正軌，找回失去的一切。她說：「我已遞件重新申請孩子的監護權。我在這裡接觸到不一樣的愛與支持，像我這種背景的人鮮少會得到這種愛護與照顧。」她述及自己在奮進廚房的經驗，稱：「很多人認為，奮進廚房只是個肥皂工廠，其實外人什麼也不懂。這裡是修補殘缺、再造生命的地方。我看到女性在這裡解決居所問題，重拾學業，見證許多小小奇蹟。我自己也是其中之一。」我為新創公司採買的每一塊肥皂上都有製作者的簽名，蕭娜也自豪地在她所製的肥皂上簽名。

我家餐桌上堆滿商品，我不厭其煩向所有願意聽願意看的好友洗腦，推銷我的理念。「我不知道耶，」哈莉細看桌上試賣的公平貿易錢包與飾品，不怎麼熱衷地說：「我比較喜歡美體小舖的產品。」

雖然哈莉並非我的手帕交，卻願意讓我登門推銷乳液，而且還非常熱情好客，讓我受寵若驚。我端出美體小舖的經營理念、再次訂購免運費、可可脂具舒緩保濕功效等誘因，讓她成為美體小舖的忠實客戶。現在，我希望她、其他姊妹淘、消費者，也都能繼續鼎力支持我想改變這世界的計畫。

二〇〇三年五月十六日，我在自家舉辦大型派對，正式宣布姊妹共創社開張營運。許多好友共襄盛舉。羅賓和史黛芬妮負責端酒，雪瑞兒整理展品，寇特妮設計商標與邀請卡，瑪麗麥可擔任收銀員，多蒂與羅莉在門口接待來賓，遠在紐約的安送來鮮花祝賀。我才結識的七個婦女團體提供開張第一天所需商品。好友、好友的好友等，加起來近一百人在我家選購商品、認識公平貿易、支持素昧平生的婦女。除了慶賀小孩誕生，我從未見過如此令人振奮的心連心聚會。女性的確可以不用出遠門，就能伸手幫助遍及全球的姊妹們。在開張的第一天晚上，九十條項鍊幾乎銷售一空，其他商品也都熱銷。

我就喜歡女性這一點。彼此之間不用明講，姊妹情誼卻細水長流。沒錯，我們女人有時會被嫌壞心眼、嘴碎，甚至犯賤。女人畢竟也是人，有各種天性，這點我不否認，但我們也不乏愛心。若說哪個最重要，我認為愛心凌駕於一切之上。那天晚上，姊妹共創社讓我看見了希望，讓我有了管道聯繫國內外的姊妹們，也讓我明白，同為女性，我們的人生與際遇其實大同小異。雖然我們被海洋、語言、背景分隔兩地，但無阻於彼此關照。在加爾各答奉獻的德雷莎修女曾說過：「若我們心不平靜，因為我們忘了大家彼此相屬。」所以我創立姊妹共創社，成為全球女性彼此相屬的平台。德雷莎修女也說過：「我們沒辦法做什麼偉大的事，但我們能用愛心去做每一件小事。」我的事業起步雖小，卻是以愛為初衷。這份初衷快速開花茁壯，走出我家的起居室，持續向外延伸。

底層的朋友

「在所立之地，善用既有資源，盡一己之力。」
——希歐多爾・羅斯福（Theodore Roosevelt，美國前總統）

沒想到科羅拉多州的善心人士不吝向我敞開家裡大門，歡迎我那一箱箱裝滿女性親手縫製的珍品。起先，我擔心可能進不了她們的家門，向對方以及她們的朋友傳達我的想法，但沒料到，幾乎還沒開始下苦功，邀請函就已多到讓我無法招架。這些女性不僅願意幫忙，甚至渴望參與成為一分子，她們了解也渴求這種跨國界的姊妹情誼，而這惺惺相惜的情誼出自於結合左鄰右舍的女性，將援手伸向半個地球之外的另一群女人。我和這些姊妹們不願只當個電視觀眾，袖手旁觀遠在他方女性的生活。我們躍躍欲試，想方設法跨越距離，和遠在他方的弱勢女人搭上線。每一項待售物品不再只是毫無生命的東西，而是滿含善意的吉祥物，祝福每一位經手的女性。

人人都能重拾尊嚴

我不斷將成箱成袋的物品搬進搬出我那輛白色道奇迷你休旅車，穿梭於家庭派對、街頭園遊會、教會的假日市集等等，工作量大到不用再到健身房報到。我急需人手幫忙應接不暇的行程，因此向朋友招手，希望他們加入，一起參與我發起的草根行銷運動，讓觸角伸向銷售通路裡每位女性。我謔稱的通路包括起居室、熱氣蒸騰的人行道、教堂地下室。我的鄰居瑪麗麥可隨即成為我的重要助手，她每周抽出數天到我家的地下室，將買賣記錄輸入記帳軟體快速帳簿（QuickBooks），並將存貨逐一標價。我善用信用卡優惠與預借現金購入一批又一批的新品，堆在餐桌上彷若小山。同一時間，數不清的姊妹淘敞開家門。她們來自各行各業，熱心地邀我到她們家，想和我一起打拚改變世界，其中不乏了不起的女性：包括協助成立媽媽總動員（Mothers Acting Up）的艾莉卡・夏弗洛斯（Erica Shafroth）、擔任威達銀行（Vetcra Bank）高階主管的貝蒂・亞迦（Betty Aga）、家庭主婦卡拉・柯旺（Carla Cowan）、公關專家莫莉・沃夫（Molly Wolf）、媽媽無國界（Mothers Without Borders）科羅拉多州支部的負責人惠特妮・麥金托許（Whitney Mackintosh）、小兒專科護理師麗莎・坎特（Lisa Kantor）、幼兒園老師吉兒・瑞德林格（Jill Redlinger）、商務律師羅莉・馬修（Laurie Mehew）、醫院駐院牧師多蒂・曼恩（Dottie Mann）等等。另外不少鄰居友人也有意加入，包括史黛芬妮・索特（Stephanie Salter）、凱西・麥歐可（Cathy Maiocco）、凱莉・波漢（Carrie Bohan）、芭波・哈威爾（Barb Harwell）、坎蒂絲・瑞德（Candice Reed）等人。這些左鄰右舍一心希望她們的友人也能學習助人之道。

我帶著妙計飛回老家伊利諾州辛克利鎮（Hinckley），參加高中密友戴娜．殷曼（Dana Inman）在家中舉辦的大型派對。接著轉往大城芝加哥，抵達布蘭達在瓦巴什（Wabash）的住所，參加她在自宅公共會議廳舉辦的高檔聚會。下一站來到麻州的衛斯里（Wellesley），拜訪瑪麗麥可的姻親茹絲安妮．納維爾（Ruthanne Neville），她自願每周帶著商品到友人家，以行動支持弱勢女性。一路上，我從小城到大都會再回到郊區，大家對姊妹共創社的熱情與擁戴，以銳不可擋的態勢快速蔓延。我覺得自己彷若老牌洗髮精法貝樂（Fabergé）廣告中的女孩，邊甩著一頭柔亮的秀髮邊說著：「我告訴兩位朋友，她們又告訴另外兩位朋友，就這樣一傳十、十傳百……」

姊妹共創社新增的顧客群裡，很多人並不清楚公平貿易的概念，但畢竟大家都是女人，所以滿了解收入對女人（尤其是生活窮困的女人）多重要。我常問其他女性，若明天薪水倍增，她們想做什麼？只要用心思考收入倍增對生活的影響與意義，會發現這問題與我們息息相關，亟需我們關注。多些收入可做什麼呢？改善生活方式？買間新屋？將現有屋子的地板或屋頂換新？買新車？讓孩子就讀更好的學校？重回學校進修？讓家人棄漢堡而改吃牛排（除非大家像我一樣吃素）？還是改買給付更多更完善的保險，到時發生意外時可求教於更好的醫師或牙醫？

想像自己是住在非洲偏鄉的女子，每天仰賴不到兩美元生活。或是想像自己生活在柬埔寨市區內雜亂破舊的貧民窟，無法享有充分的乾淨用水、三餐不濟、沒錢支付小孩的校服甚至鉛筆。這時若收入倍增甚至三級跳，生活會有何改變？若每天賺的兩塊錢變成四美元、八美元，甚至十二美元，生活會有何變化？乍看之下，這筆錢似乎微不足道，但考量當地的背景與生活條件，或許足以送小孩上學，足以過濾汙水以便安心飲用，足以擺脫飢餓之苦，足以支付最基本的醫療費用等等。如果生平終於有機會享有穩定收入，而且是靠自身才藝與努力換得報酬，結果會如何？這正是公平貿易營運模式對貧窮女子的影響與助力。

簡單地說，公平貿易意在協助弱勢技匠與農民，讓他們透過產出賺取合理的生活費，同時培育他們所需的生意頭腦與手腕，以利減貧，帶動繁榮。世界公平貿易組織（World Fair Trade Organization）將公平貿易定義為：「因應失靈的傳統貿易，因為傳統貿易無法讓世上最窮國家的人民維持長久的穩定生計，也無法提供他們發展機會；證據就在於，全球約二十億人口再怎麼賣力苦幹，每天仍僅能靠不到兩美元過活。」雖然我之前服務於非營利機構，經手兒童福利與教育領域，但我支持靠著經商或小生意擺脫貧困。長期以來，女性肩負的非正職勞務，諸如照顧家中老少、煮飯、打掃、種菜養雞、打水、撿柴，做些傳統手工藝品等等，這些工作的價值長期以來被低估，無法在全球經濟扮演要角。就連女性看待世界的方式與觀點，也在職場上被打壓與漠視。相較於男性，女性偏好合作而非競爭，習慣先考慮他人而非自己的需求，這些特質在職場裡長期被視為軟弱與缺點，我卻認為是女性最大的優勢與強項。若女性彼此合作無間，我們可以發揮一加一大於二的力量，只要團結，我們可以集體另創全球經濟，讓大眾珍視商品背後的生產者。美國多達八五％採購由女性代勞，因此掌握荷包大權的女子確實可以改變世界。我認為姊妹共創社朝她經濟（she-conomy）邁出了一步。

姊妹共創社的公平貿易模式根據三大簡單原則。首先，一切講究透明。姊妹共創社公開每個合作對象（包括個人與團體）的背景與際遇，堅信改變購物習慣的唯一辦法就是讓買家了解所購之物不僅是「東西」，更該關注背後讓東西成形的「人」。透過公平貿易，女性買家有機會接觸、認識異國女性的生活，了解生產者對每一件美麗手工品所投注的苦工與巧思，體認到每買一件商品都會直接影響背後生產者的生活。其次是我們付錢給合作夥伴的方式，這也是最重要的一點。姊妹共創社每次訂貨，一定先將總額的一半匯到對方的帳戶。預付能確保合作對象無須自掏腰包購買所需的材料（包括珠子、紗線、布料、飾品零件等等），因為我們不希望她們陷入餵飽家人與購買材料的兩難處境。對方完成商品準備出貨時，我們便匯出剩餘的一半金額，並負擔運費。所以合作對象一交貨，款項便完全結清，即使商品滯銷，損失也由我們承擔而非她們。第三，我們支付的金額。我們不以營利為目的，所以絕不將產品價格壓到最低，而是找出對方和我們都能接受的合理價格，根據材料成本、運費、生產者為商品投注的時間與勞力等等計算。網路上免費的公平薪資指南（Fair Wage Guide）可供手工藝品的買賣雙方參考，倚賴它計算成本、決定合理買賣金額、分析各地可維持生活的最低工資等等。我發現，規模愈小的團體定價愈容易偏低，所以她們應將定價調高，而非進一步壓低。

我們也訓練女性合作對象一些做生意的基本技巧，讓她們知道自己產品的價值，找到團購材料的辦法，並善用集體的力量左右市場動能以便建立小本事業。姊妹共創社提供產品設計與技術協助，也教育合作對象計算成本、出口知識、基本的生意技巧等等，希望她們剛起步的事業能站穩腳步，進而成長茁壯。我們這麼做是因為有了工作，人生才會幸福。若能靠著收入依照自己的條件照顧自己與家人，不管出身高低，不管生活在哪裡，人人都能重拾尊嚴。

在科羅拉多的女性友人家裡，我認識了一群女子，經她們引介，結交了許多了不起的外國女性。其中一位是南非人雪柔．皮雷（Cheryl Pillay），她老家在夸祖魯那他省（KwaZulu-Natal）首府彼得馬里茨堡（Pietermaritzburg）。一九九二年，殘破不堪、已成廢墟的彼得馬里茨堡監獄在幾個區域性教堂資助下，改建成社區中心，協助社區內的弱勢女子，她們有的受到不斷蔓延的愛滋病感染、有的無家可歸、有的未成年懷孕、有的受到家暴，中心除了對受害者伸出援手，也協助她們學習自立自強。雖然這項名為通道計畫（Project Gateway）的行動旨在幫助女人，但雪柔發現該中心無法提供實質就業機會，遂在二〇〇〇年另外推出女性經濟發展計畫，名為贊德拉表現（Zandla Xpressions）。她在通道計畫的場地裡挪出一小塊空間，訓練當地女性的手藝與做生意的技巧。多數求助於通道計畫的女性，一開始並無心接受雪柔的訓練，只想解決眼前與短期的需求，如三餐與住所等等。待這些基本問題都塵埃落定後，雪柔才開始訓練她們，不僅教她們手藝，也鼓勵她們肯定自我的價值與能力，搖身成為帶動改變的代言人。雪柔深知，即使被貧困蹂躪、被暴力相向，女性依舊能活出另一個精彩。她自己就是過來人，掙脫了充斥暴力的婚姻，找到重新生活的勇氣。在一場居家派對上，經他人引介，我認識了雪柔，自此成為合作對象，在預算許可下，跟她大量訂購贊德拉表現生產的銅絲編織手環和胸針。

之後，姊妹共創社又增加越南悠樂（Au Lac）技匠合作社的商品。身為越戰老兵的女兒，我覺得自己非幫越南不可，成為繼父親之後新一代的建橋者，透過合作，讓和平得以長長久久。我和悠樂結緣是拜丹佛一位天主教修女牽線，該修女是越南裔，返回老家期間和當地女藝匠合作，也探訪與關懷一群身障女性。陳黃梅是悠樂對外的連絡窗口，為人可親、活力十足，她拿出琳琅滿目的商品圖片讓我挑選，包括手工刺繡絲質手提包、圍巾、袖珍荷包袋等等。手提袋使用雕工精美的水牛角和珠母貝裝飾。她們也製作家飾品，諸如光可鑑人的漆盒、相框、竹碗、沙拉杓匙、托盤、容器等等。此外，絲質女裝也是應有盡有，舉凡外套、長褲、洋裝、睡衣等一應俱全。當著陳黃梅的面，我稱讚悠活的設計師創意十足，陳黃梅除了跟我道謝，也透露設計多半由她操刀。她提醒我，接單有旺季與淡季之別，因為碰到農忙季節，多數女性得下田幫忙，農閒期間才有時間縫製東西補貼家用。她希望我了解，碰到種稻和收稻季節，女性會忙於農作無暇接單。這點我完全理解。

烏沙河的單親媽媽

姊妹共創社上路後第一年，經人介紹，我認識了來自坦尚尼亞烏沙河小鎮（Usa River）的葛楚蒂．普羅提斯．基塔（Gertrude Protis Kita）。當時是十一月，我在長青公平貿易（Evergreen Fair Trade）假日市集擺攤，她也在隔壁擺攤，我費了一番工夫才慢慢了解她。葛楚蒂將顏色鮮豔的蠟染布鋪在長桌上，然後擺上開信刀、飾品、成堆的串珠手鍊。她坐下等著顧客上門，然後開始打量我，眼神帶著懷疑。我自己的攤位鋪上純白布巾，上面放著仿骨董的白漆飾品架，展示手作的小飾品。我一邊整理攤位上待售的商品，一邊向葛楚蒂和她的美國友人海倫・沃克・希爾（Helen Walker Hill）打招呼，簡介姊妹共創社的背景，並向葛楚蒂詢問坦尚尼亞的現況、她合作的女性藝匠、販售的商品等等。她反應冷淡，我遂從桌下拿出我的錢包，跟她買了幾條手環戴在手上。葛楚蒂露出淺笑謝謝我，但礙於顧客不斷上門，她又恢復一本正經的生意人模樣。該市集類似阿魯沙（Arusha，距離烏沙河最近的大城）的趕集日。在海倫資助下，葛楚蒂大老遠從家鄉飛到美國，希望能賣掉手環與手鍊。我也賣手鍊，所以當天我和她顯然是互搶生意的對手而非朋友。不管在美國還是阿魯沙，只要做生意難免有競爭。

不過一直到市集結束前，不屈不撓的我一有空便和葛楚蒂與海倫閒聊。在市集的最後一天，我又向她買了幾條手鍊，以及一塊精美的褐色布料，上面用珠子織出馬賽彩色條紋圖案。收攤之後，我找到葛楚蒂，表示想跟她合作，讓姊妹共創社充當平台販售她的商品，因此她回到坦尚尼亞後，還是能持續賣東西給美國人。葛楚蒂的商品製作精美，呈現鮮明的非洲味，圖案以傳統的馬賽彩色條紋為主，我認為這些商品不論是織度與款式都不錯，美國女性應該不排斥讓衣櫥增添一些異國風。最重要的是，葛楚蒂這人非常得我心。她有膽識又有鬥志，十足的實業家，我深信她一定會成功。女性生意人不是埋頭苦幹就可出頭，不是手藝過人就能勝利，也不是銷售高手就保證生意長紅。開發中國家的女性若想要在更大的市場立足，上述三項缺一不可，但還需要一點運氣。葛楚蒂不僅工作努力、天分過人，還是銷售高手；但她之所以有機會來到美國，因為她運氣不錯，認識了海倫。我認識葛楚蒂，也是運氣之故。

「我們女人需要工作。」葛楚蒂總算了解我無意與她競爭，只想和她合作。她說：「我們需要餵飽一家人。」

葛楚蒂本人也要照顧家人。她於一九七一年生於吉力馬札羅山（Mount Kilimanjaro）附近的帕雷（Pare），比我小一歲。全家有六個兄弟與三個姊妹，她排行老二，在坦尚尼亞烏沙河鎮的小村長大成人。從烏沙河開車到阿魯沙要三十分鐘，阿魯沙因鄰近吉力馬札羅山、梅魯山（Mount Meru）、恩戈羅恩戈羅火山口（Ngorongoro Crater），以及賽倫蓋提（Serengeti）大草原，所以探險觀光團幾乎都從這裡出發。葛楚蒂的父親人緣佳，是村裡的領袖，以遊獵嚮導為業。葛楚蒂運氣不錯，可以上學，完成學業後，她也追隨父親腳步，進入享譽全球的非洲遊獵旅遊集團亞伯克隆比與肯特（Abercrombie and Kent）擔任嚮導。不過一九九四年她生下長子克里斯多佛，成了單親媽媽。不論在哪裡，單親媽媽都不輕鬆，但在烏沙河挑戰又多了些。克里斯多佛襁褓期間，葛楚蒂為了補貼家用，善用從小學會的技巧，以串珠編織各種手工藝品。她告訴我：「我可以用雙手和珠子做出任何妳想要的東西。」她的串珠作品包括手環、項鍊、吊飾、耳環等等。她用暗色布料裁製開衩包裙與背心，再用珠子縫出幾何形狀或鋸齒線條構成的鮮豔東非圖案。她以高超手藝做出傳統的新娘頸飾，頸飾的圖案精美繁複，所有珠子用一條牢實的金屬繩線串在一起，大面積覆蓋在新娘的脖頸上，有些頸飾大到可包覆整個肩膀。海倫因傳教而飛到烏沙河，因緣際會認識了葛楚蒂。當時葛楚蒂為了這些來訪的傳教士，在烏沙河的教堂開班授課，教導他們串珠子。海倫驚豔於葛楚蒂的巧手與外向個性，鼓勵她飛到美國為串珠飾品尋找買主與市場，也為她和兒子克里斯多佛賺些生活費。葛楚蒂雖然成功賣出串珠飾品給遊獵觀光客，但非洲市場的生意時好時壞，無法提供她穩定的收入。海倫對葛楚蒂深具信心，因此出資協助她飛到美國，為飾品尋找商機。

「我很喜歡手工製品，」葛楚蒂解釋：「但有時候我們接不到任何訂單。我選擇和單親媽媽合作，因為我自己就是單親母親。有了這份工作，我們的生活與孩子受惠甚多。感謝妳介紹更多科羅拉多州朋友來買我們的產品，幫助我們的孩子。」

「我會買下妳今天賣剩的所有手環，另外再下一張訂單，等妳回國後再動手。」我向葛楚蒂如此提議，她一開始很心動，但隨即改變主意。

「妳今天不能買，」她突然說：「我在美國做完最後一筆買賣後，妳才可以買下所有沒賣掉的東西。」海倫已安排她到另外兩場教會舉辦的假日市集擺攤，所以她必須確保手邊有足夠的存貨。聽她這麼一說，我鬆了一口氣，因為我衝動提議買下她所有的手環時，瞄到她桌下有一個大箱子，裡面的手環多到滿了出來。我的資金有限，一部分靠布萊德和我的銀行存款，另一部分靠我用信用卡融資。我擔心自己為了行善，像億萬富豪沃巴克老爹（Daddy Warbucks，譯注：四格漫畫《小孤兒安妮》裡的富豪）一樣，豪氣說出「我會買下全部」，到時不知會收到什麼樣天文數字的帳單。因此我暗自祈禱，葛楚蒂在接下來的兩場市集都能賣出好成績。

經營公平貿易事業會遇上許多暗藏的陷阱，最危險之一莫過於擋不住行善的誘惑，老是讓善心跑在荷包之前。從事公平貿易的每個人皆有這毛病，因為一心想幫助合作的弱勢族群，但謹守生意法則也同樣重要，以免自己負債累累或捉襟見肘。生意法則包括不可進貨大過銷售，慎選買進的商品，要求合作團體提供優質產品，切不可超出預算等等。就我而言，必須在慷慨助人與自律之間求取平衡點，才能讓姊妹共創社的生意穩健成長，有財力支付未來的訂單，繼續為葛楚蒂以及其他我們努力支持的女性銷售商品。我運氣不錯，葛楚蒂在剩下的兩個市集生意不俗。我從這次經驗學會一課：不要隨便承諾超出我能力之上的空頭支票。

一周後，葛楚蒂經科羅拉多I－七〇高速公路前往機場，途中我約她在野燕麥（Wild Oats）公司的停車場碰面，用現金買下她賣剩的手環（對雙方而言都是可觀的數量）。我們打開後車廂，把商品從她的車子搬到我的車廂，過程不太像坦蕩的合法交易，不過兩人頂著寒風在一處積雪停車場的交會，奠下日後長久不墜的友誼。葛楚蒂給了我一個溫暖的擁抱，然後坐上海倫的車離開。這是我第一次和想幫助的對象緊密相依。

參加義賣活動愈多，需要的商品也愈多。姊妹共創社成立的第一年，合作團體從一開始的七個增加到十五個，產品來自十個國家。我一周會收到數次包裹。從幼稚園或日用品店開車回家，將車停在車道上，還來不及開車門，鄰居便陸續走到我家私人車道。「嘿，有沒有看到妳的包裹？」羅莉邊打招呼邊問我。「誰寄來的啊？」在羅莉幾步之後的艾咪、金姆、黛比等熱心鄰居也接著問道。不管接下來有啥計畫，也不管車上的冰淇淋可能融化，我把日用品留在車上，改變應該讓幼兒回房小睡的初衷，埋頭和這些友人一起拆開包裹，看看裡面究竟是什麼東西。所有商品都是我下單訂購，因此大家可能認為，我理應清楚包裹裡面是什麼，但實情往往不是如此。姊妹共創社上路初期，收到的一些產品確實一如預期，但更多時候，產品與我下訂時看到的樣品或照片出入頗大。數位照片裡的托特包看起來很美，收到實品後卻發現體積大到足以把整籃待洗衣物全裝進去（或許還可再塞一個幼兒）。因此我學到教訓，下訂時一定要先問尺寸。有一次，我訂購了一條用金屬線鉤編的項鍊，別出心裁又很討人喜歡，但是收到實品時，發現竟和中世紀的刑求道具相仿。最糟糕的經驗莫過於從非洲寄來的一些天然珠寶，因為搭配種子和豆莢等素材，竟在運送至美國途中生出了幼蟲。女人和美國海關可不樂見珠寶裡有活生生的蟲子。

我的孩子特別喜歡NEED寄來的包裹。每個包裹都用易讓皮膚發癢的粗麻布包裝，並以粗黑麥克筆寫下郵寄地址，包裹的上下兩面貼滿數十張郵票。我小心翼翼撕下印有老虎與甘地頭像的外國郵票，免費送給小孩和大人。很可惜，包裹裡面的東西不如包裹外觀吸引人。NEED全名是：創業與經濟發展網路（Network of Entrepreneurship and Economic Development），設於印度北方邦的首府勒克瑙（Lucknow），創辦人是阿尼爾・辛格（Anil Singh）與普許帕・辛格（Pushpa Singh）夫婦。夫婦倆成立NEED的目的是幫助自家社區裡被邊緣化的女性，特別是貧女和寡婦，改善她們在社會的處境與地位。阿尼爾是我認識的男性中，最熱衷於提升婦女經濟實力的健將之一，目前是愛創家夥伴（Ashoka Fellow），愛創家這個組織在世界各地物色傑出社會企業家，目前成員已超過兩千人。阿尼爾當初提議辭去穩定公職，另外創業協助他人，獲得普許帕全心全意支持。普許帕擁有高學歷，畢業於印度蘭契大學（Ranchi University），擁有心理學碩士學位，自小便以擔任社工的父親為師。阿尼爾與普許帕是最佳拍檔，阿尼爾負責成立公司，普許帕負責接洽須協助的婦女：網羅她們參加培訓計畫、提供她們生活方面的協助、透過雇用計畫讓她們生活得更獨立更自主。我們第一次通電話時，阿尼爾熱情地向我解釋他的理念。「伊—史黛西，」他刻意在我名字前加了一聲很長的「伊」。「這兒的女性必須忍受多如牛毛的苦差。在父權至上的郊區，離婚女人往往被社區排斥放逐，若沒有丈夫或父親可依靠，會走投無路。只要女人可以掙錢養活自己，我們在她們身上看到了希望與光明。」

站在前線的女人

耐吉基金會（Nike Foundation）曾推出一部橫掃網路的轟動影片《女孩效應》（*The Girl Effect*，任何人只要在乎女孩和女人的未來，這是必看影片，可點閱：www.thegirleffect.org）。但早在影片播出之前好幾年，阿尼爾就告訴我，幫助一個女人足以改變一整個社區，他說這是一道簡單的算術題。「卡拉很窮，兩個小孩因為喝了不乾淨的水，一天到晚都在生病。她在NEED工作後，賺來的錢夠她每天早上向另一個女人買牛奶。她的孩子因喝了牛奶，身體恢復健康，可以上學。孩子到了學校後，卡拉有更多時間上班工作，賺到的錢夠她一天買兩次牛奶。其他在NEED工作的女人，賺了錢也買得起牛奶，不久養水牛的女人就可再多買兩頭水牛。女人能更常去市場採買新鮮蔬菜，這下就幫到了種田的女人。因為給了一個女人工作機會，所有人的生活都獲得了改善。」阿尼爾的簡單公式：女人＋合理薪資＝帶動整個社區繁榮，這成了我致力於公平貿易的基石。當卡拉開始縫製麻布袋，連帶也提升整個社區。

我告訴阿尼爾和普許帕，會買一些NEED的樣品，藉此了解NEED東西的特色，但這決定過於天真。我收到NEED寄來的第一份包裹，總價超過五百美元，東西包羅萬象，包括麻布製的記事本封套、做工很粗的提袋、紗麗、美國女性穿起來太小又太緊的服飾、節慶飾品、根本賣不出去的小塊刺繡樣品等等。我非常喪氣，但也了解普許帕和阿尼爾的心態，他們認為我既然不排斥樣品，應是生意上門的機會，因此一古腦兒把NEED所有商品寄給我。我在葛楚蒂身上學到不要開出自己做不到的空頭支票，同樣地，NEED也讓我上了一課，知道今後不論哪個團體寄樣品給我，一定要限定數量和種類。當時的五百美元足以讓姊妹共創社向任何一個合作團體訂購可觀的商品，因此這錢不該浪費在可能賣不出去的東西上。不過我還是從NEED寄來的麻布包裹裡挖到一些珍寶。我、普許帕和阿尼爾三人，從這次經驗中學到何謂好的合作關係。像我們這種公平貿易，絕非立基於一方佔另一方的便宜之上，而是雙方一起努力朝共同目標邁進，那就是設計並製作賣得出去的產品。如此一來，加入生產行列的婦女才能感受到收入有所改善，而收入有所改善是因為我們成功讓產品進入市場。我學會清楚交代什麼樣的產品能被接受，明白告知預算的上限。普許帕、阿尼爾以及NEED的女工們，學會根據姊妹共創社提供的設計圖與美國顧客可能喜歡的款式，發揮她們的傳統手藝。儘管初期遇到了挫折，但姊妹共創社的重任是協助NEED的女工，因為她們不畏風險，嘗試改變人生。

其中一位女子叫索莉雅，她二十八歲，家住勒克瑙附近的村莊。索莉雅生於幸福的家庭，父母對小孩全力支持，她有四個姊妹、一個兄弟。十九歲時，她在大專院校讀了一年，便因父母安排走入婚姻。儘管索莉雅想完成學業，但她也看好新婚夫婿的前途，因為他在政府機關上班，薪水足以負擔兩人的小家庭開銷。可惜不到兩年，索莉雅的生活急轉直下。索莉雅透露：「我終於認清，丈夫不尊重我、不關心我，對我也沒有一絲感情，因此我對他徹底絕望。」索莉雅的丈夫染上賭癮，賭債增至五萬盧比，根本無力償還。「有一天，他終於露出冷漠的真面目，竟然叫我賣身，好多賺一點錢幫他還債。他打算把我送入親友等債主的虎口，要我和他們親熱，以皮肉錢代替賭債。我聽完之後，難以置信，轉而求助於婆婆，但她竟舉雙手贊成，並大力為兒子辯護，稱這要求合情合理。我害怕、生氣、震驚、羞愧，心情五味雜陳。之後我才發現，原來這正是她出的主意。我知道自己身陷危險，聲譽、顏面、社會地位都可能不保，但我決定劃出一道防線，拒絕犧牲顏面、自尊、身體，只為了多賺一點錢。我趁黑逃回娘家。在漆黑的夜晚，跋涉了將近三十公里。」索莉雅回憶。

索莉雅勇往直前，反抗的不只是丈夫，也捍拒社會要求女性不論好壞一定要從夫的宿命。索莉雅的父母展開雙臂歡迎她回巢，但索莉雅並未因此放下心中大石，一來她從未在外工作，二來她知道父母沒辦法再多養一口，所幸她遇到了普許帕。普許帕鼓勵她到ＮＥＥＤ接受訓練，試試有無掙錢的機會。到了ＮＥＥＤ之後，點燃了索莉雅內心想做生意的火花。她靠著縫製麻布袋起家，繼而精通契坎（chikan）刺繡，這種刺繡非常特殊，姊妹共創社向ＮＥＥＤ訂購的裙子和上衣就有索莉雅刺繡的圖案。而今索莉雅手藝精湛，又有自己的收入，足以向外界證明，她離開丈夫的那一晚，意志堅定、義無反顧、不接受讓自己失望的答案。我也不想讓她失望。姊妹共創社向NEED訂購了三種不同款式的裙子，甚至還訂了款式簡單的瑜伽褲，這些都是索莉雅在NEED為我們縫製的第一批成衣。

同時，我在大西洋這岸的姊妹淘也努力幫姊妹共創社圓夢。我讓走在時尚尖端的友人，諸如安、茹絲安妮、羅賓、史黛芬妮等人，穿戴我經手的珠寶與手提包，儼然是我的種子部隊。她們都是街坊鄰居眼中的時尚行家與流行教母，穿著打扮是大家注目的焦點。安在時尚雜誌《風格》擔任廣告銷售總監，一群編輯注意到她佩戴的首飾，其中一位叫艾琳的編輯，十分欣賞我送給安當禮物的一條手工串珠手環。她問我，能否寄一些樣品給她，她想在雜誌裡做一篇專題報導。那條手環出自尼泊爾一個手工藝品合作社。尼泊爾女性編織珠子的傳統已行之數百年，位於中國和印度之間喜馬拉雅通道的尼泊爾，擁有豐富的手工藝遺產。昆嘉藝術串珠工坊（Kunja Artistic Bead Work，簡稱KABW）是一間合作社，讓生活有困難的女子靠著傳統串珠技藝增加收入。她們用鉤編或串編的方式，將小顆的玻璃珠子化為美麗的傳世之作。我寄給艾琳一條手鍊，後來她打電話告訴我，姊妹共創社有一件飾品將登在《風格》的十周年特刊中，我難以相信這種天大的好運竟會降臨在我頭上。艾琳問我，飾品旁邊的訂購資訊要寫些什麼，其實我也不確定。家裡的電話似乎不適合；美國線上（AOL）的電子郵件帳號看起來不夠專業。最後我給了她姊妹共創社尚在成形的網址。

「妳們接受網路訂購嗎？」艾琳問。

「特刊問世前，網路訂購就會通了。」我向她保證。

又到了善用「校車等候站媽媽智囊團」的時候了。我已透過網域名稱註冊服務供應商網路解決（Network Solutions）提供的自製網頁模板，架好一個陽春網站，網站上會刊登當地居家派對的訊息。多虧朋友崔西．高木（Traci Takaki）的姊妹金姆．馬洛格（Kim Malueg）和她丈夫柯特幫忙，這對夫婦經營一家網頁設計公司，在金姆巧思下，姊妹共創社網站很快添加了時髦與華麗感，與美術設計師寇特妮．歐雪伊（Courtney O'Shea）繪製的商標搭配的天衣無縫。寇特妮一年前就在她家的地下室完成商標草圖並掃描上網。我們在網站貼上合作女性的照片和故事，以及姊妹共創社的理念。羅賓．喬治（Robin George）是諸多精通時尚的友人之一，同時也擅長攝影，我拜託她在自家的地下室攝影棚替我們所有商品拍照。此外，我在銀行開設交易專戶。終於趕在《風格》出刊前兩三周，讓姊妹共創社正式走入電子商務。

刊登於《風格》的特別報導成功獲得迴響，吸引全美各地的顧客點閱我們網站。新顧客大量上門，實在超出我們意料，其中不少人詢問產品型錄，我撒了個小謊，稱第一期產品型錄預計秋天才會發行。現在我得想辦法生出一份產品型錄。我再次拜託寇特妮設計型錄，我自己負責文案，倒楣的羅賓被逼得不僅要當攝影師，還得下海身兼模特兒。我站著充當模特兒，羅賓負責拍照，拍到她覺得照片效果不錯，我便退場，換她進場當模特兒，我則負責按快門。我的朋友貝茲．威瑟瑪（Betsy Wieserma）居中穿線，介紹我認識印刷代理商傑森．薛爾（Jason Scherer），他答應算我便宜，讓我少花點印刷費與郵寄費。在眾多貴人相助下，姊妹共創社寄出第一份產品型錄給五百多位新顧客。

那一年的年終採購季，姊妹共創社除了推出產品型錄，也在丹佛婦女會（Denver Junior League）的假日市集擺了一個攤位，加上幾位婦女會朋友的引介，姊妹共創社幸運獲得國家廣播公司（NBC）地方電視台青睞，上了該台新聞節目。隔年一月，我決定善用家庭派對、產品型錄、婦女會、媒體等等所建立的人脈與關係，在三月八日辦一場婦女節活動。國際婦女節始於一九〇八年，當時一萬五千名紐約職業婦女走上街頭，要求縮短工時、提高薪資並爭取投票權。兩年後（一九一〇年），在哥本哈根召開的職業婦女大會（Conference of Working Women）正式訂立三月八日為國際婦女節，表揚女性的成就，也突顯許多女性至今仍受到的不平待遇。我透過合作的女性團體發現，國際婦女節在世界各地頗受重視，慶祝活動也十分盛大。我希望將該節日的意義延伸到我的活動範圍，獲得姊妹淘力挺。三月，二十個本地女性團體以及兩百多位女性齊聚科羅拉多州李特頓市（Littleton）的路德會聖腓力堂（St. Philip Lutheran Church），觀看紀錄片《和平護和平：站在前線的女人》（*Peace by Peace: Women on the Frontlines*）。該紀錄片由奧斯卡金像獎得主潔西卡・蘭芝（Jessica Lange）擔任旁白，前往阿富汗、阿根廷、波士尼亞與赫塞哥維納（Bosnia-Herzegovina）、蒲隆地共和國（Burundi）與美國等五國取景，講述這五國致力於和平的女性。我們還主辦女性組織博覽會（Women's Organization Expo），有心投入或抱持興趣的女子走過一個又一個參展團體的攤位，了解每個組織的工作內容。參展團體包括國際婦女人權緊急行動基金會（Urgent Action Fund for Women's Human Rights）、女孩公司（Girls Inc.）、聚會處、馬雅織工（Maya Weavers）、婦女豆豆計畫等等。不過更多參觀者希望知道有無機會讓她們為自己社區奉獻心力。會場提供免費的起司蛋糕，大家吃得很開心。我上台致詞，正式揭開活動。首先我感謝多位贊助者，接著和聽眾分享我的夢想：「希望在座每一位，這輩子都能有幸受到其他女性的激勵和啟發，就像我一樣，每天都受惠於合作女性的鼓舞與激勵。」我接著說：「國際婦女節一九〇八年開始舉行紀念活動，但今天或許是多數在場女性第一次以行動紀念這一天，我就是如此。我希望這是我們今後一起慶祝三八婦女節的開端。妳們能出席今晚的活動，傾聽其他女人的故事，了解她們所面臨的挑戰，這就足以對全球女性帶來改變。我們在場所有人，不只是聚在這裡的一群女人，各位今晚是參與全球紀念國際婦女節的一分子。」

這次活動傳達了我們這群人對全球女性的祈願，也成了我事業生涯的里程碑。眾多女性聚集於此，有的代表非營利組織，有的來做生意，有的只是純粹關心，也包括一群有所覺悟的消費者。她們不只來學習，也來選購東西，認清並接納一個事實，那就是她們可以透過消費改變她人的生活。這些女性慢慢理解，人生再怎麼不幸的女子，也能對世上其他女性造成深遠影響。她們希望締造「她經濟」，把花掉的每一分錢用於幫助全球各地的女性。我感到一股銳不可擋的女性勢力，相信在大家攜手合作下，我們可以建造更公平更合理的世界。我想踏出美國，親身感受遠在他方女性的生活。我想和她們進一步拉近關係，才有辦法和顧客與支持者分享第一手經驗，讓她們知道在世界另一端的姊妹們如何生活。

在印度的公路上，連神也別過頭

「生命要嘛就是大膽冒險，要嘛就是一事無成。」

——海倫・凱勒（Helen Keller，美國作家）

母親的臀部牢牢黏在椅子上，一手緊握車門把，另一手緊抓著牢固的布面長型座椅，指節因為用力過猛而泛白。我們的司機維克林姆・提瓦利（Vikrim Tiwari）在車陣中左閃右躲，整台車彷若旋轉盤裡的滑溜肉丸，在義大利麵堆裡左擺右晃。我們的車子一馬當先，甩掉高速轎車、三輪人力車、牛拉車，以及偶爾豁出命似的自行車。「在印度，神無所不在，」提瓦利興奮地高喊，繼而露出神祕一笑：「但在印度的公路上，連神也別過頭。」

終於抵達印度，準備和當地的姊妹共創社合作對象面對面打交道，但此刻我卻巴不得待在家裡和孩子安全無虞地共處，擺脫新德里的交通。新德里的生活過於「積極」，讓人招架不住。每個和我合作的印度人，透過電話與電子郵件往返時，莫不給人既冷靜又熱忱的感覺，腦海不禁將印度想像為心靈避風港，是個讓我精進瑜伽的印度。要不就是高科技的印度，一如湯瑪斯．佛里曼（Tomas Friedman）在暢銷書《世界是平的》（*The World Is Flat*）所描繪的印度，進步神速，竄出大量新興中產階級，似乎每個人都在電話客服中心謀得一份好差事。而今我搭車在德里的大街小巷穿梭，卻發現貧窮與絕望俯拾皆是，彷彿進入狄更斯小說裡的世界。

司機每次停下車，乞丐便趨前朝車子靠攏。有些乞丐一臉絕望，抱著營養不良或缺了手腳的孩子；有些小孩沿著馬路中間的分隔島，表演不輸馬戲團的高難度動作，然後敲打過往車輛的車窗向乘客討錢；還有一家子浸在路邊水坑洗澡；有些女子身穿沾滿汙泥的鮮豔紗麗，在堆積如山的垃圾中，徒手翻找磚頭、塑膠板、木塊，用以搭建克難的窩。

我不應該為現況感到震驚才是，畢竟我來印度就是要見識印度貧窮的一面。不是為了攀登高山峻嶺；也不是想前往達蘭薩拉（Dharmsala）接受靈性洗禮。我也不是電信公司執行長或電話客服中心大老，絡繹於班加羅爾（Bangalore，印度矽谷）途中。說起來，我比較像抗貧鬥士，更像個老媽子，在半個地球外的地下室開了間公司。不過，現在交通愈來愈亂，暗自希望能飛速趕回日航飯店（Hotel Nikko），重回高檔飯店提供的安適懷抱。我不再看著窗外，改而和母親閒聊，一邊聽著維克林姆沒完沒了地講電話，傾吐他得不到回應的愛意。上帝不只對德里的交通亂象視而不見，也遺忘馬路兩旁的窮人。我覺得不管自己心理難過與否，都得和他們見上一面。

海星與男孩的故事

在我們西方世界，經常過於輕易地忽略他人經歷的醜陋真相。沒錯，我們看新聞、閱讀書籍文章，也瀏覽可敬公益團體的宣傳廣告，裡面不乏與惡劣環境為伍的小孩照片，充滿戲劇張力。看了這些心情固然難過，卻照常過著自己的生活。我不是說每個人就該這麼待在原地無所事事，也不建議大家憂心地緊扭雙手。老實說，生活在全球最窮國家的女性也鮮少這麼做。不過我們似乎對苦難已然免疫，除非苦難直接影響到我們的生活或家庭，否則我們已習於無動於衷。看著和自己無關的受苦影像，我們習慣不作為，心想自己的力量不過是杯水車薪，無濟於事。

在印度，最難以克服的現狀是窮人無翻身機會：窮人出自社會根深柢固的種姓制度，這種讓人反感的社會結構讓我聯想到不到六十年前仍存在於美國的黑白種族隔離制度。根據膚色、親生父母、世襲的階級決定一個人的價值，根本就大錯特錯。

我自以為作好了準備，能夠面對印度的貧窮現象，可惜事與願違。在德里這個人口超過千萬的超大城市，看著人們苟延殘喘、勉強生活，不禁難過地掉下眼淚。心想自己的能力過於渺小，面對無窮無盡的絕望，我諸多的努力似乎只是枉然。

不過這時我想到了海星與男孩的故事。男孩站在遍地是海星的沙灘上，一一將海星送回大海的家；一位老人走過來告訴他：「孩子，海星這麼多，你這麼做根本無濟於事。」男孩撿起另一隻海星擲回大海，繼而答道：「我剛才就幫了一隻海星。」在印度，即使只是幫助一名女子也會有所不同。

赤貧既無必要，也能預防。終結貧窮專家傑佛瑞．薩克斯（Jeffrey Sachs）形容「赤貧就是能致人於死的貧窮狀態」。全球近一半人口（約三十億人）每天僅靠不到兩美元過活。每天有兩萬六千五百至三萬名孩童死於可預防疾病，或是喝不到淨水而死，或是單純地餓死。人數之多不輸全球人類大屠殺，但我們卻閉著眼睛假裝沒看見，放任無辜人民死於瘧疾、痢疾等可醫治的疾病，或是活活餓死。

儘管三年多來我投注大量時間聲援一貧如洗的女性，但第一次踏上印度目睹飽受蹂躪的德里，仍忍不住揪心難過。看著臉蛋髒兮兮、衣服襤褸的小女孩向路人乞討，想像她們若是我的女兒凱莉安和艾莉，這時應該安全地窩在暖被裡，但眼前這些女孩說不定永遠找不到可安枕的棲身處。

我很高興母親和我同行，一起見證現況，同時也權充我的顧問，幫我打氣。我們預計花半個月的時間參訪印度與尼泊爾。因為小孩留在家裡沒有同行，這下我可以長時間和母親獨處，感覺非常幸運。我看著窗外，視線掃過人群，想起幾天前剛到印度的情形。我們在半夜飛抵新德里，感覺很不真實，也許每個人搭了十八個小時飛機後都是如此，也可能因為目的地是印度之故。我原以為印度到處是人山人海，人群擠滿寸土寸地，但一下飛機，發現甘地國際機場相當空蕩，撇除低矮的天花板，我不覺得個人空間被壓縮到讓人難以喘氣，雖然事前幾個到過印度的朋友曾警告我會受不了。透過機場玻璃窗，我看到一些計程車排隊等著載運國際線旅客，希望多掙些夜間加成車資。除了幾輛計程車，加上同班機的旅客，整個入關過程安靜且無風無浪，通關後，我走進世上最有異國色彩的國度。

入關處大排長龍，等著官員蓋上簽證戳章。領完行李後，我們這群贊助買家匆匆穿過積極拉客的計程車司機，快步走進一個停車場，裡面停了幾輛印度出口協會（Indian Export Council）安排接機的小型車。在一陣兵荒馬亂下，我和母親尚未搞清楚狀況，我就被示意進入其中一輛車的後座，母親被趕進另外一台車。車隊沿著機場周圍的鐵絲圍欄駛出機場，開上驚險程度不輸全美房車大賽的印度高速公路。

些微的忐忑讓我心跳稍稍加速，主要是因為和母親分道揚鑣。我可不想在印度和母親失散，若真碰到，真不知道該怎麼辦。我們兩人之前經歷最刺激的一趟旅程不過就是開二十個小時的車到迪士尼樂園。再者，我這條命突然掌控在不認識的司機手上，任他在車陣中瘋狂地鑽來鑽去，左閃右躲車身漆上鮮豔顏色的大卡車，偶爾人力車和安步當車的牛群也跑來插花。一路上，我的腦袋拚命地想跟上眼睛，摸清楚窗外飛逝而過的陌生世界。腦中每冒出一個想法，就被按個不停的喇叭聲打斷。沒辦法，一到晚上，新德里的公路就成了大卡車的天下，按喇叭是小型車唯一的防禦武器。

黛比．法拉（Debbie Farah）不像我，面對兵荒馬亂卻一派泰然。黛比是我們這趟印度行得以成行的功臣，居中幫我和凱文．史帝芬斯（Kevin Stephens）牽線。凱文代表印度出口協會負責招募買家。黛比坐在車子前座，似乎沒注意到車子在每個轉彎差點出意外的虛驚場面。她沒跟我提到充滿驚險的駕駛、男人在路邊當眾小解，或牛群會漫步於一千四百萬人口的街道上。黛比在印度如魚得水，頻繁進出印度的她逐漸愛上這裡，深受印度的美景、貧窮、矛盾所吸引，忍不住一再重返印度。

黛比邀我同行，顯示她包容的天性以及她個人對公平貿易的信念。和我一樣，黛比為了幫助窮人而投身公平貿易事業，並創辦寶佳麗雅貿易公司（Bajalia Trading Company），專門幫助被戰火荼毒的阿富汗女性手作產品。黛比的父母皆出生於巴勒斯坦的拉馬拉（Ramallah），她是家裡第一代巴裔美國人。家庭的關係，黛比同時會說阿拉伯語和英語，也熱愛海外旅遊與多元文化。黛比之前造訪印度數次，多半在西部喀奇（Kutch）地區活動，接洽偏鄉社區擅長傳統織品刺繡的婦女。這次很興奮能到熱鬧的城市看看。

車隊安全抵達飯店，我們的司機將車停在載著母親和一車外國乘客的汽車正後方。我們母女兩人進入房間後，立刻將行李往角落一丟。刷完牙（當然不能用自來水），母親倒床就睡，還發出鼾聲。我離開父母家這麼多年，這是第一次知道她會打呼。我努力讓自己睡著，以便養精蓄銳應付明早的行程，但腦內的思緒不斷翻騰。我心想這次終於能和合作的婦女面對面，興奮地想知道真實人物和腦海裡揣摩的形象是否搭配。但我也忍不住緊張，不知道她們會如何看待我，畢竟我有什麼資格擔任她們在美國的代言人？他們會不會對我期望太高，高估我可以幫助她們的實力？或者她們實際上根本不需要我幫忙，只是我自己太自以為是？最後我決定不要抱過多期待，只希望自己能深入了解這些婦女的生活，同時能挖掘一些優異的產品，到時離開印度時，能帶著長久不墜的友誼返美。

窗外，晨空被薄霧籠罩，縷縷白煙從飯店底下的人行道向上竄升。從我們房間向外望去，高樓大廈此起彼落。日航飯店一塵不染的地面對照著旅館大門外人行道上窮人的生活百態。他們用破舊的塑膠容器盛水，背著大包小包的東西，一名女子就地在水泥人行步道上生火取暖。

在飯店吃完自助式印度早餐，我們搭上巴士專車前往諾伊達（Noida）展覽中心，途中我首次能在大白天好好欣賞印度，發現眼前一切正是前一晚預期的景象：白天的德里多的是來來去去的亢奮人潮。每到一個轉彎處，迎面而來各種矛盾。在德里，貧與富、賤與貴似乎手牽手並肩同行。

巴士疾駛經過高級飯店、熱鬧市集、紅燈區、雄偉神廟、流浪漢營地等等，然後才開上嶄新的諾伊達快速道路（Noida Expressway）直達展覽中心。遠遠望去，諾伊達展覽中心雄偉氣派，令人印象深刻。正門入口插著各國旗幟，迎風飛揚，彷彿見證印度在現代商業界的實力。但巴士駛入建物北端的車道後，才發現展覽中心的背面尚未完工，一排排竹製鷹架固定在建物背面，頭頂著大籃子的婦女沿著鷹架往上爬，將籃子裡的磚塊遞給砌牆工人。

我納悶，她們怎麼不用省力的機器？我的無知與天真讓黛比發笑。「那麼多人需要工作，何需機器代勞？妳在這裡看到的一切建設全拜廉價勞力之賜。」在印度，即便是最現代化的建築也是靠窮人撐起來的。

印度是全球貧窮人口最多的國家。將近十億人口中，估計多達四億人（幾乎是總人口的一半）生活在印度官方的貧窮線之下，亦即每天生活費不到一．二五美元。隨著經濟全球化以及都市化，印度的工作較之前優渥，導致印度中產階級大幅崛起，但印度窮人仍多，主要是因為文盲比率過高，加上人口成長速度超過國家經濟成長。印度的資本與資源分配不均，婦孺再度成了主要受害者。

我們走入展覽中心，熱鬧的展場充滿吸引力。展場有兩層，攤位琳琅滿目，賣家擺出漂亮的染印織品、串珠小飾品、皮革製品、蕾絲、麻製品、陶土，以及各式各樣獨具特色的商品。我們遇上一個為紫藤家具家飾型錄（Wisteria catalog）採買的買家，她很清楚自己要去哪裡，也知道找哪個攤商下單。但我和母親不認識任何一個賣家，只能在會場裡漫無目的地東晃西逛，欣賞各式各樣精緻服飾與配件。在前面幾排攤位，看到了一些不錯的商品，根據其特色與做法，一看就知道出自女性之手，因此趨前詢問。我和母親拿起串珠首飾、手織圍巾、拼布毯等一一檢視。我向精明銷售員自我介紹時，透露太多訊息，包括我經營一家公平貿易公司、和婦女團體合作、協助婦女改善收入等等。可想而知，每個男性賣家都說商品的生產者是女性，也支付她們合理薪資，所以我應該放心地大買特買。但一詢問是否可以在旅印期間拜訪他們的合作團體時，對方說詞卻與之前稍有出入，我和母親便會不動聲色慢慢遠離他們的攤位。

參展兩天下來，我們一直沒找到事前被告知會參展的婦女社團，讓我受挫之至。參加商展是這趟印度行得到贊助的條件之一，但我也預作了安排，打算在商展落幕後花幾天的時間拜訪一些團體，畢竟我大老遠飛來印度，可不是為了被積極推銷的印度男子誆騙。商展第一天，我的確向一群弱勢婦女工匠小額訂購束口小布袋，這款首飾專用的布袋用了手工染印的薄紗，布料由孟買市郊的婦女縫製，設計師是一群出自國立時尚技術學院（National Institute of Fashion Technology）的年輕人。技術學院的設計師活用印度各地區的傳統技藝，協助工匠結合傳統與現代設計。除了束口小布袋，在展場的收穫少之又少，逛了一個走道又一個走道，幾乎找不到可以合作的婦女工匠團體。大部分的攤商代表印度各地的小型工廠，工廠的負責人與員工均為男性，找不到婦女社團或是非政府組織。

我們在其中一條走道來來回回不下六次，終於在前面幾步距離的地方，發現一位引人注目的女子，她身上的紗麗和首飾皆帶有南印度風。紗麗用色大膽，以土耳其藍搭配桃紅色。雙手戴著寬版金屬環與手鐲，鼻子掛著細金屬鍊與鼻環，烏黑大眼透露熱情與善意。她身旁站著一位正在招呼客人的年輕女子，顯然是印裔美籍人士，她自我介紹叫佩麗雅·帕特爾（Priya Patel）。我之前怎麼沒在一堆「男海」裡發現這兩位女子呢？沒多久我就意識到她們和我一樣對這次活動沮喪不已，因為她們銷售的女性經濟賦權（economic empowerment）乏人問津。所幸我們找到了彼此。

安妮塔的故事

村里富信託基金（Gramshree Trust）由阿南蒂本·帕特爾（Anandiben Patel）創立於一九九五年，旨在透過教育訓練和創業協助弱勢婦女爭取經濟參與權。起初基金會倡議女權，但阿南蒂本隨即發現，一份受人尊重的工作才是婦女所需，因此基金會改而提供手工藝訓練，也出資成立行銷部門，負責將女性的手藝品賣往外地。佩麗雅透過美印基金會（American India Foundation）牽線，自願到村里富基金會所在的亞美德巴德（譯注：原文Amnabad應為Ahmedabad）擔任志工六個月。期間她協助設計、能力提升、市場開拓，這場商展是她返美前與基金會合作的最後一周。佩麗雅幫了我大忙，不僅幫我解釋我所要的簡單造型，也幫我下單訂購基金會轄下婦女縫製的貼花手提包。

搭乘巴士返回飯店時，心情愉快許多，起碼認識了兩個可以合作的婦女團體。至於明天的計畫，看來也充滿希望。明早，K・薩特亞斯里（K. Satyasri）女士將從印度東南部安德拉邦（Andhra Pradesh）的納薩普爾（譯注：原文Narsupur應為Narsapur）千里迢迢花大約二十四小時到飯店與我們碰面。

安德拉邦的天氣捉摸難定，常有奪人性命的颶風和熱帶氣旋肆虐，洪水也常氾濫成災，奪走居民的家園、農作物與牲畜。哥達瓦里河（Godavari River）在孟加拉灣（Bay of Bengal）入海並在海口形成三角洲，納薩普爾就位在三角洲的西岸。薩特亞斯里女士所屬的合作社全名是：哥達瓦里河三角洲蕾絲女技工合作社暨工業協會（Godavari Delta Women Lace Artisans Co-operative Cottage Industrial Society），名稱不僅反映地理位置，也清楚交代這個社團擅長的技藝：代代相傳逾一百年的蕾絲製作手藝。合作社創立於一九七〇年代，創辦人是薩特亞斯里女士的母親K・希瑪拉薩（K. Hemalatha）女士。在十九世紀，蕾絲製作手藝由愛爾蘭傳教士傳入哥達瓦里河三角洲，自此這項手藝便成了當地婦女的主要收入來源。但英國人於一九四七年撤出印度，客源因而銳減，加上當地村民不易開拓對外市場，當地婦女不易賣出足夠的蕾絲維持生計。希瑪拉薩女士花了兩年時間徒步拜訪村裡各個蕾絲藝匠，了解她們的困境和需求。希瑪拉薩並不斷向政府陳情，努力數年終於有成，一九七九年該協會獲准登記為正式的非政府組織。

希瑪拉薩在協會的章程中寫道：「身為女性，我們常被社會鄙視為次等人。社會存在禁忌或習俗阻礙女性發展。男性的待遇通常優於女性。」希瑪拉薩多年來不辭辛苦地試圖改變此現狀。後來因年事高、身體欠佳，無法再主持這個合作社，遂由女兒薩特亞斯里接棒。

難怪早上接到櫃檯打來的電話時，我困惑不已。「艾德格女士，有兩位先生找妳。」我猜不出這兩位男子是誰。來到大廳，見到兩名男士害羞地站在櫃台前，手上提著軍綠色大帆布包。直覺告訴我，他們就是我的訪客。

「史黛西小姐？」我走向他們時，其中一人問道。

「我就是。」我答道。

「我是普拉卡許，」他一邊回答，一邊和我握手寒暄：「這位是我的朋友普拉薩德。」我和這兩位男士問好，同時介紹母親給他們認識。母親仍在狀況外，不清楚他們是誰，也不知道他們為何來找我。

「我是薩特亞斯里女士的先生，」普拉卡許說：「很不幸，女人家獨自坐火車旅行非常危險，因此我們代她來見妳，也讓妳看看合作社婦女的手藝品。」不能親自見到薩特亞斯里，我有些失望。她母親曾徒步走遍納薩普爾的村落，因此我一聽到薩特亞斯里女士竟不能自己單獨搭火車來找我，的確有些意外。但後來想想，我是美國女子，可在國內隨心所欲愛去哪裡就去哪裡，鮮少需要考慮旅途可能遭遇的危險。當然，我仍會提高警覺，不會在夜間獨自一人走在暗巷，但不至於因為身為女人，而無法自由行動，或是覺得危機四伏。不過，印度或其他地方的女人未必和我一樣，享有這種行動上的安全感。我能理解薩特亞斯里和她母親其中一人必須待在家裡，照顧家人以及合作社這個大家庭。儘管緣慳分淺有些可惜，但薩特亞斯里婚姻美滿，而她丈夫又同樣熱心於促進婦女權益，因此非常感動。

我承認這次印度行被這麼多男人鑽進來湊一腳，有些失望，但兩位男士遠道而來見我一面，讓我深感榮幸，也等不及想瞧瞧裝在綠色帆布包裡的樣品。鋪著大理石地板的大廳裡整齊擺著幾張長沙發，我們坐在其中一張。普拉卡許才剛拉開帆布包的拉鍊，兩位飯店工作人員就走過來訓斥他，並對我解釋：「很抱歉，女士，大廳內禁止商品交易。不過，妳可以放心邀請兩位男士到您房間。」

到了樓上房間後，我立刻邀請黛比一起過來瞧瞧樣品。兩位男士的英語都不標準，但無礙於溝通。我還發現他們一離開公共場所，言行更輕鬆自在。普拉卡許娓娓道來合作社歷史，也分享了幾位婦女的故事，我深被其中一個人故事打動，故事女主角是契烏庫拉女士。普拉卡許總是正式稱呼每位女性。契烏庫拉已婚，育有二女，分別是十一歲的達卡夏和八歲的帕達瑪卡麗。契烏庫拉學歷只有小學五年級，年紀輕輕就走入婚姻，丈夫是砌牆工人，常得離家到各工地幹活，雖然工作穩定，但收入微薄，因此家中常得為錢苦惱。先生外出工作時，契烏庫拉負責照顧女兒、打理家徒四壁的家、縫製蕾絲製品。她從母親身上學到製作蕾絲的技藝。契烏庫拉壓根兒沒想到丈夫竟感染愛滋病，病情愈來愈嚴重。後來她才知道，丈夫在外地工作期間，和不少女人發生關係，其中不乏妓女。契烏庫拉後來也被傳染，丈夫因愛滋病過世後，她身無分文，每天辛苦地勉強過活。後來她在哥達瓦里河合作社找到一份差事，合作社不僅給她工資，甚至補貼她生活費、餵養她一家三口，並資助兩女學費。雖然她身患疾病，但合作社提供她工資、幫她打氣，還給她一個家。

我們起碼花了兩個鐘頭瀏覽、細看這些樣品。我拍了大量照片，方便日後姊妹共創社下訂單時知道哪些東西可買，要嘛至少也知道需要什麼款式。我樂得欣賞蕾絲女匠所展現的手藝與圖案，繼而思考該怎麼在圖案上作些變化，或是在既有圖案裡增添新的元素。比如說，請合作社婦女將某條披肩的美麗圖案搭配某件上衣的顏色，製成吸引美國女性消費者的手提包或托特包。樣品秀快接近尾聲時，普拉卡許充當我的模特兒，試戴女帽和圍巾。我訂購了一些自己草草設計的包袋，款式與圖案均取材自眼前的樣品。兩位男士欣喜不已。

送走普拉卡許和普拉薩德後，母親、黛比和我準備前往位於德里市郊的下一站。安妮塔・阿胡嘉（Anita Ahuja）是一位朋友的朋友的朋友，她創辦了印度保育社（Conserve India），她將帶我們前往垃圾傾倒場見識她主持的婦女經濟發展計畫。

安妮塔舉止得宜，神情自若，走進日航酒店大廳時，姿態宛如英國女公爵，而她握手的力道與輕柔的嗓音也極符合這個身分。我們對彼此的事業所知不多，但雙方不久就發現合作的可能性極高。「我很欣賞妳和姊妹共創社所做的努力，」安妮塔在大廳入口處邊說邊跟我寒暄：「妳似乎了解我的心思，創立可從事社會服務的企業體。我發現我們有諸多方法可幫助婦女的手作品打入更大的市場。」我立刻就對她喜歡得不得了。

一個月前，我和布萊德一起參加他公司的節日派對，剛好與公司總裁大衛．史密斯（David Smith）以及他的太太坐在一起。史密斯夫婦不久前才去了印度一趟，與美國駐印度大使是朋友，沒想到安妮塔和她先生夏拉巴（Shalabh）碰巧也認識大使，可見世界就是這麼小，呼應六度分隔理論。派對之後才沒幾周，我坐在安妮塔的車上，石子路面坑坑洞洞，一路上免不了顛簸，並與一條汙染嚴重的河川並行，開至安妮塔用以改變婦女人生的垃圾傾倒場。

印度的種姓制度讓許多人遭到迫害，堪稱全球迫害程度最高的社會架構。賤民屬於最低等級，被視為「不可碰觸」。（賤民的英文Dalit，發音類似電腦鍵盤的刪除鍵「delete」，其實兩者本質上也差不多。）我、安妮塔、母親、黛比坐在現代感十足的路華汽車（Land Rover）裡，開往位於新德里東區的垃圾傾倒場，探訪幾位「不可碰觸」的婦女。抵達目的地後，發現這附近的社區一貧如洗，每一分資源都來自他人丟棄不用的物品。

我們車子駛離坑坑洞洞的路面，開進垃圾場，右邊是一排排臨時搭建的破爛房舍，左邊是一陀一陀牛糞，曬乾之後將充作燃料。凌亂搭建的房舍相連成排，建材都是從垃圾堆裡挖出來的廢物，包括木夾板、保麗龍、塑膠布、磚塊等等。下車後，我們走上通往印度保育社戶外塑膠回收場的狹窄小徑，小徑一邊是曬糞場，一邊是磚牆。途中看到兩位婦女跪在地上，將未乾的牛糞甩入金屬碗裡，將牛糞捏疊成塊狀，再拿到太陽下曬乾，變成灶房所需的燃料。

乍看之下，這地方似乎荒頽到難以住人，但我旋即發現內隱的企業商機。如同群蟻可移山，社區婦女們合力利用充斥於垃圾堆裡的塑膠袋，別出心裁闖出一番事業：利用廢棄塑膠袋開發出革命性全新塑膠布料，再把塑膠布料搖身變為可陳列於高檔百貨公司的手提包。

安妮塔和丈夫夏拉巴不能也不願見到當地婦女被命運擺弄而自生自滅，決定將畢生時間與積蓄投入被印度視為「垃圾」的人與物。安妮塔發現街上亂丟的塑膠廢棄物成了印度主要城市愈來愈嚴重的問題，於是帶頭作環保，在印度全國倡議廢棄物回收與垃圾管理。使用籃子、錫罐，以及其他可重複使用容器曾是印度人購物的一大特色，但中產階級興起後，印度消耗的塑膠量大幅竄升。一九九八年，安妮塔成立非政府組織印度保育社時，印度已躍升為全球第三大塑膠消耗國，僅次於美、中，每年新購五百萬噸塑膠，可惜這些塑膠品最後多淪為垃圾，尤以塑膠購物袋為最大宗。

維妮莎修女

安妮塔成立印度保育社的初衷是，進入校園成立廢棄物回收中心。當時，多數印度家庭並無垃圾回收的觀念。安妮塔心想，在校園推動教育課程，請學生把家中用過的塑膠製品帶到學校回收，此舉不僅能帶動德里回收風氣，也有助於培養新一代民眾致力於永續行動。但是此計畫未獲熱烈迴響，原因出在種姓制度。原來上層階級的父母禁止小孩接觸垃圾，也不准他們「撿破爛」，所以他們無法攜帶大包小包的塑膠廢棄物到學校。

安妮塔受挫卻不退縮，決定改變訴求對象，她鎖定塑膠垃圾的去處：德里垃圾場。垃圾場周遭草草搭建的城鎮全靠垃圾貢獻，村民的生計也仰賴垃圾堆裡翻找出來的東西。一開始，垃圾堆無法提供工作、教育和希望。安妮塔開始和數名婦女合作，嘗試利用塑膠廢棄物做出不一樣的東西。她心想，此舉不僅提供當地婦女就業機會，也有助於廢棄物管理並改善當地赤貧現象。安妮塔將塑膠袋洗淨後剪開，加以編織、縫製，卻做不出她喜歡或滿意的提袋款式。她心裡清楚，這些由垃圾變出來的產品若無特色，將乏人問津。安妮塔向丈夫訴苦自己的無力感，身為工程師的他決定下海幫忙，他發揮實驗精神，希望找出讓塑膠變形的方式。二〇〇二年左右，夫婦倆終於研發一種新材料，取名為手作回收塑膠（handmade recycled plastic，簡稱ＨＲＰ），等於是將塑膠升級再造。升級再造不只回收，還進一步升級回收物，讓回收物變得更優更耐用。ＨＲＰ製造過程中，會把回收的聚乙烯塑膠袋加以翻新，變成截然不同的新材質，不僅外觀吸睛，也無須另外加色或染色。

安妮塔帶我們進入回收點所在的院子，一行人受到八位婦女熱情歡迎。院子一端，五顏六色的塑膠布掛在曬衣繩上，隨風飄蕩。其中一位婦女在我們每個人的眉心點上紅痣，色料由番紅花調製而成，再為我們戴上大朵金盞花編成的花環。安妮塔同意在眉心點上紅點，但搖手婉拒花環。我還滿開心花環溢出的香氣，有助於驅散腦中殘留的曬糞場味道。彼此自我介紹並快速拍了幾張照片後，婦女陸續返回工作崗位，安妮塔繼續對我們描述這些婦女的遭遇。

「組織成立之初，我們僅有二十五位婦女，她們連怎麼用剪刀都不會，更別說用鉛筆寫字。我們第一堂讀寫課教她們如何拿剪刀以及剪出直線。」安妮塔講述該過程時，我眼睛盯著一位叫拉娃．德維（Rava Devi）的裁工，她前面擺了一疊的塑膠袋，用剪刀替每個塑膠袋修邊，將參差不齊的邊緣剪齊。回收中心將各種形狀與大小的塑膠袋從垃圾堆撿回來之後，會先清洗，再裁去破損的邊緣，將剩下可用的部分依顏色分類，放進不同的桶子。「這些婦女不知道如何辨別顏色，雖然這是妳我視為理所當然的基本知識。不過，她們倒是有個共通點，就是都愛看寶萊塢電影。這裡的男女都愛寶萊塢明星，熟知每位男女演員的名字、片名、電影歌曲，所以我心生一計，將每種顏色依寶萊塢明星命名。」安妮塔接著說。

安妮塔從雜誌和報紙剪下知名寶萊塢女星的照片，貼在依顏色分類的回收箱上方。她選的女星照，每位女星的衣服都符合每個分類箱指定的顏色。「舉例來說，這個藍色是莎麗娜。」她邊說，邊指著一張剪下的照片，照片裡是一位漂亮的長髮肚皮舞孃，身著一件土耳其藍紗麗。

我們離開分類回收箱，來到水泥清洗槽，婦女正在那裡清洗塑膠袋，袋子洗淨後會交給拉娃和其他婦女剪裁，這時黛比貼著我的耳朵對我低聲說：「拿下妳的花環。」黛比似乎很怕熱，所以早就拿下金盞花環，將花環纏在手腕上。黛比要我拿下花環，是因為不想成為唯一沒有戴花環的人嗎？我不解她古怪的要求，同時專心聽著安妮塔繼續解釋下一個製程。

「修過的塑膠袋會由這些婦女再洗一次，然後晾乾。」我們走向兩個正在洗袋子的婦女，她們正開心地笑著，似乎在互開彼此的玩笑。

「安妮塔，可以請妳問問她們什麼事這麼有趣嗎？」我問道。

「她說她朋友是個懶人，老是把最髒的塑膠袋丟給她洗。」安妮塔加入她們，一起發出咯咯笑聲。兩位女子繼續捉弄對方，邊笑邊聊。我們跟著安妮塔視察作業流程，觀察每個步驟所需的人力。期間我不斷想到那兩位女子的互動，同時想到自己和瑪麗麥可坐在自家地下室的地板，動手為新品一一貼上標價。瑪麗麥可曾對我道：「妳總是給我貼完標價還要再摺回原樣的衣服……只是跟妳開個玩笑。」聽到她附加這麼一句「只是跟妳開個玩笑」，我就知道她不是開玩笑。不論是哪裡的姊妹淘，相處模式倒是一致。

我問拉娃在印度保育社工作後生活有什麼改變？她回答：「自從我在這裡工作，我家的經濟跟著改善，我一個月的租金是三十元，若停止上班，生活會變差。這份工作讓我能餵飽孩子，過正常生活。」拉娃在這裡賺的錢比之前多了三倍。在此之前，她曾靠撿破爛維生，但她不曉得撿到的破爛能否變賣、使用或交換？我們在垃圾場四周東走西晃，一下子碰到拾荒者，一下子彷彿是吹笛人被一群對陌生外國訪客十分好奇的小孩尾隨。沒有一個孩子有穿鞋子。安妮塔告訴我，這裡沒有學校可讓他們受教。

結束參觀後，我們向垃圾場的婦女道別。坐進路華汽車，開了幾英里路，來到印度保育社位於德里工業區的辦公室。乘車途中，黛比轉頭問我：「剛才叫妳拿下花環時，妳怎麼沒有拿下？」

「妳為什麼有此要求？」我反問。

「在印度文化裡，金盞花花環是獻給神祇的供品，」她說：「收下並戴上花環表示妳自認高她們一等。沒錯吧，安妮塔？」

我的心一沉，難怪安妮塔一開始便婉拒花環。「沒關係，」安妮塔安慰我，接著解釋：「我只是不希望她們認為我比她們優秀，也不要她們以為所以問題可以由我迎刃而解，或是由我為她們找到人生的出路。」安妮塔的論點讓我深思，我花太多時間擔心要怎麼做，才可以幫助更多人與解決問題。事實上，我想到的解決辦法並不會比受助婦女自己找到的答案更好。我只是受到庇佑，有幸擁有更多的機會。若我能為這些婦女鋪路，協助她們進入我所在的世界，讓我國消費者買得到這些女性的手作品，將可實質改變她們的際遇。

我們抵達印度保育社的辦公室時，男男女女忙著縫製、檢查、包裝產品。安妮塔介紹我們認識品管經理，她的名字是巴綈。巴綈年紀輕輕便加入印度保育社，來自德里市郊小村落的她，出生時因病影響說話能力。殘疾在印度似乎比在美國更容易招受偏見，巴綈的狀況導致她處處受到歧視。巴綈開始在印度保育社工作時，品管部門才剛成立，因此她現在是部門的元老級員工。受到安妮塔的肯定與讚許，巴綈成了品管專家，也是該部門不可或缺的要角。巴綈工作穩定，連帶收入也有著落，可支付定期檢查和治療亟需的費用，以便保持健康，避免病情惡化。

安妮塔接著催我們進入產品展示間。我、母親、黛比一進去，莫不發出好大一聲驚嘆，彷彿我們眼前出現了畢生所見最壯觀的煙火秀。我們各自衝到自己最喜歡的款式前，猛地將商品從架上奪了下來，嘴巴也來配音，不時發出親炙美麗事物時「噢」和「哇」等讚嘆聲。風格迥異的圖案、條紋、大膽的單一用色，揮灑在外型相同的時髦手提包上，這些包款輕易就能登入諾斯壯

（Nordstrom）高檔百貨公司的殿堂，和名牌包並列展示，只不過這些手提包皆由丟棄的塑膠袋製造而成。「真是難以置信，」我母親邊說邊搖著頭：「這些手提包竟然都是垃圾場來的。」母親平常不會過於感性，但這時她眼眶已湧出淚水。我想大家都訝於這些婦女成就的壯舉，也深信美國家鄉的顧客驚豔程度將不下於我們。

我們圍坐在夏拉巴的辦公桌四周，享用著我在印度吃過最美味的外帶餐點。我邊吃邊和安妮塔討論訂單，這份訂單將是姊妹共創社向婦女團體採購以來最大一筆訂單：價值六千美元的回收塑膠製手提包。或許和參觀諾伊達商展的大進口商相比，我的訂單不算什麼，但對姊妹共創社而言，這可是龐大的金額，我想對印度保育社而言，應該也是一大筆進帳。

「這是個好的開始，」安妮塔對我說：「我對我們雙方的合作寄予厚望。」

「我也這麼認為。」我向她保證。

「我希望大眾能以不同角度看待流行與時尚，尤其能用不同的心態看待貧窮。」安妮塔說：「我不喜歡一說到回收產品時，大家直覺將他們和次等而非加值劃上等號。同理也可以套用在貧窮婦女身上，這些女性的價值高於目前她們受到的對待。」

若說印度有哪一點讓我念念不忘，應該就是當地窮人的際遇。社會對待他們彷彿他們無足輕重，隨時可以用過即丟。窮人在社會遭到公然的歧視與不屑，但他們韌性不減、勇往直前、白手起家。姊妹共創社在印度並不只和印度保育社合作，也和其他既幫助婦女也作環保的團體攜手。

位於南印度的阿西西服飾（Assisi Garments）才和姊妹共創社合作不久，供應我們百分之百純有機棉裁製的上衣與裙子。安妮塔成立印度保育社，希望解決塑膠袋氾濫的環境問題，卻意外對婦女發揮了更大的社會影響力。同理，一群方濟會修女一九九四年於印度的阿維納希（Avinashi）成立阿西西服飾，希望幫助貧窮與身障婦女，結果卻改善了當地環境。阿西西服飾是維妮莎修女（Sister Vineetha）的畢生夢想，這位具有遠見的修女一開始僅訓練並雇用八位婦女（三位患有殘疾，另五位一貧如洗），她們都亟需安全的庇護所，也迫切需要一技之長賺錢維生。在印度，年輕身障婦女往往乏人問津，找不到可婚嫁的對象，因此餘生注定受苦。這些婦女沒有管道養活自己，只能在唾棄她們的社會裡奮力求生。阿西西服飾一開始只接附近成衣廠的小額訂單。過了一陣子，八位婦女的縫紉手藝愈來愈進步，公司也隨之壯大。維妮莎修女與方濟會發現市場對上衣的需求有增無減，將其視為增加受助女子工作量的機會，並決定使用有機棉。阿西西服飾深知印度農民因傳統棉種植方式，飽受癌症與疾病荼毒，因此修女們要求裁縫師以有機棉取代傳統棉縫製棉衫。

我們還要去嗎？

根據世界衛生組織（World Health Organization）估計，每年全球因為農業用殺蟲劑中毒而喪生的人數多達二十萬人，另有三百萬人罹患慢性病。在傳統栽種棉花的方式裡，每畝棉花田噴灑的殺蟲劑超過其他任何作物，殺蟲劑隨雨水滲入地下水層。阿西西服飾使用的有機棉由印度馬哈拉施特拉邦（Maharashtra）的有機棉合作社供應，該合作社轄下有三百名有機棉農。阿西西一開始協助八名婦女，援助對象目前已增加到兩百多位貧窮與身障婦女，讓她們學習一技之長，找到安全的住所，獲得所需的糧食與治療，有機會用勞力換取合理的薪資，規劃未來等等。我很幸運能和這類服飾生產商合作，因為她們管控了從種子到縫紉機的整個製作流程。

我們在加爾各答（Kolkata，舊稱Calcutta）的合作夥伴重返自由（Freeset）也同樣以環保麻作為提包生意的基礎，協助加爾各答紅燈區年輕婦女擺脫性蹂躪。重返自由位於索納加奇（Sonagacchi），正是加爾各答惡名遠播的最大紅燈區，方圓幾平方英里之內，一萬多名女子站在街頭，向每天來此報到的幾千名男子兜售肉體。多數女子年紀輕輕被人蛇集團從尼泊爾、孟加拉、印度鄉間走私到此。也有一些女性因為窮，不得不淪落青樓賣身。在印度，性產業規模龐大，蒸蒸日上的生意全靠剝削和奴役婦女，性工作也剝奪窮人的尊嚴和純真。重返自由創立於二〇〇一年，創辦人為紐西蘭夫婦凱瑞・希爾頓（Kerry Hilton）和安妮・希爾頓（Annie Hilton）。兩人帶著四個孩子從紐西蘭移居加爾各答，打入窮人中的窮人，和他們一起生活與工作。夫妻倆很快便發現，新家的鄰居是數以千計因為走私或貧窮而被迫賣入火坑的女子，要讓這些婦女重獲自由不能只靠慈善捐款，必須另外成立可永續經營的事業體，才能讓她們擺脫紅燈區，找到維持生計的機會。

希爾頓夫婦與當地一名印度醫生佩麗雅・米夏拉（Priya Mishra）合作，成立重返自由，教導婦女縫製、絹印萬用麻布包，協助她們脫離皮肉生涯。米夏拉醫生表示：「教導這些生手學會出口市場可接受的縫製水準並非易事，有人幾乎連剪刀都不會用。剛開始，每位婦女每日平均產出不到兩個包，有些麻布包居然被縫得內外顛倒、上下相反！」但三人並未氣餒，繼續發揮耐心，持之以恆培訓改進，因為重返自由確實改變了梅娜卡等年輕女性的際遇。

梅娜卡生於孟加拉，十二歲左右一家人連同其他印度裔家庭被迫離開家園，最後勉強逃到孟印邊境的難民營。梅娜卡在難民營期間，常溜到附近一間屋子偷上廁所，認識了住在裡面的一位三十歲女子。對方一再邀梅娜卡一起前往加爾各答，但梅娜卡都沒答應，直到有一天她和姊妹吵架，未告知父母便出走，離開了難民營。這位朋友帶梅娜卡到加爾各答最大的紅燈區，以一千盧比（譯注：約新台幣七百元）將十二歲的梅娜卡賣給妓院老闆。一位嫖客奪走梅娜卡的清白，年紀輕輕的她生命就此永遠改觀。一切全肇因於她誤將惡婦當朋友，決定和這惡婦同行，沒想到踏上了不歸路。

許多在重返自由工作的婦女都有類似遭遇，所幸到了這裡工作後，她們一一為自己的未來寫下新篇章。梅娜卡曾和幾千名妓女站在街頭拉客，但她勇氣十足，決定離開妓院加入重返自由，希望藉此改變自己的人生。近十年來，重返自由從初期的二十位員工，增加到現在約一百四十位。每一位受雇於這家公平貿易公司的女子，都成功擺脫性奴役，重獲自由。重返自由同時也給予全球各地婦女一個伸出援手的機會：只要購買一個手提包就足以讓一位女子脫離淫海，重獲自由。透過提供就業機會以及賣產品，讓深陷淫窟女子重獲自由，概念雖然簡單，卻極具影響力。大家只要換購一個新的托特包，說不定就能改變一位女子的人生。我深受這想法吸引，並樂此不疲地將這想法和姊妹共創社的顧客分享。

接近印度之旅的尾聲，我和母親愈來愈遊刃有餘，也深受啟發。我們樂見公平貿易提供弱勢女子就業機會的構想成功上路，很開心這趟勇闖印度之旅，也樂於和新認識朋友在橄欖酒吧（The Olive Bar）之類的地方餐敘，在大型露天市集和攤商討價還價，造訪裁縫師傅幫女兒選購印度傳統服飾。司機維克林姆載我們參觀德里附近各個宗教與歷史古蹟，包括紅堡（Red Fort）、庫特明納塔〔Qutb Minar，譯注：印度最高的伊斯蘭教叫拜塔、蓮花寺（Lotus Temple）〕、克里希納神廟（Krishna Temple）等等。我們見到印度最美好的一面，也看到印度人民最良善的一面。姊妹共創社的生意夥伴柔韌不屈，讓我又有了活力。想起一開始搭車穿梭於印度時，所見盡是沒有名字的貧男窮女，多到讓我難以招架。而今活生生的婦女就站在眼前，儘管她們面臨難以克服的障礙，卻傾其所有活出有意義的人生。即使雙方存在語言隔閡，無阻我們笑看彼此，綻露歡顏。她們沒有一位指望我當她們的救世主，我之前卻無知地為此憂心傷神。她們為了生存，已成了解決問題的高手。她們只是需要我把她們的故事傳出去，讓別人知道她們的能力，替她們布建更多的人脈，讓更多的工作找上她們。她們什麼也不需要，要的只是自食其力。

這趟算得上成果豐碩的旅程卻因為下一站而蒙上不安。接下來要前往的尼泊爾陷入政治動亂。在印度參訪期間，我們一直忙於搭車、工作、觀光，沒有太多時間看電視，但我一直靠著網路，關注尼泊爾的情勢發展。每晚結束衝鋒陷陣回到旅館後，我都會一個人到飯店的商務中心，付幾塊盧比給收費女孩，然後埋首於電子郵件裡。我先大略看一下有粗體標示的未讀郵件，從中找出三個寄件人：我丈夫布萊德，和桑妮塔、錢德拉。我們到了尼泊爾後，將會下榻於朋友桑妮塔的家，和她家人同住。桑妮塔的家族成立並經營一個非政府組織坎布什瓦技術學校（Kumbeshwar Technical School），網羅婦女加入公平貿易事業，專門生產針織衫。我在網路透過世界公平貿易組織引介認識桑妮塔，她是我認識的第一位克德紀（Khadgi）家族成員。因為桑妮塔的兄弟在我們抵達尼泊爾當天早上要迎娶新娘，所以由另一位朋友錢德拉到機場接機，我也和錢德拉創辦的公平貿易團體沙納哈斯塔卡拉（Sana Hastakala，譯注：尼泊爾文，意為迷你手工藝品）合作。布萊德寄來的信件裡，語氣很不放心。「國務院已對尼泊爾發布旅遊警示，」這周稍早他這麼寫道：「請務必確認安全無虞後再前往尼泊爾。」我知道他不會要我打消尼泊爾行，但他無法安心。

離開印度的前兩晚，我們第一次坐下來觀看印度晚間新聞。新聞主播報導，尼泊爾動盪持續擴大，已從鄉間蔓延至首都加德滿都。新聞畫面裡，一名暴民在加德滿都歷史悠久的舊皇宮廣場（Durbar Square）怒擲石頭抗議。母親轉過頭來，不露情緒地看著我，問道：「我們還要去嗎？」

「我想是吧，」我答道：「我先用電子郵件連絡桑妮塔。」

動身前往尼泊爾前幾天，美國國務院警告美國民眾勿前往旅遊，因為尼泊爾叛軍毛派和政府之間的暴力衝突愈演愈烈。雙方群眾在舊皇宮廣場互丟石頭後，爭議性頗大的尼泊爾國王賈南德拉（King Gyanendra）下令全國實施宵禁，時間就在我和母親預定抵達尼泊爾的前三天。賈南德拉企圖阻撓擁護民主的人士上街集會遊行，因此諭令加德滿都谷所有民眾從早到晚都得待在室內，甚至下令逮捕公然嗆聲反對他統治的公民與民運領袖。賈南德拉不僅面對毛派的威脅，也面臨舊支持者因不滿他唯我獨尊的高壓統治而掀起的騷動。為了避免民眾上街怒吼，國王別無他法，只能以軍隊為後盾實施宵禁，箝制全國。

若宵禁不盡快解除，朋友就無法到機場接我們，也找不到計程車載我們到目的地。對克德紀家族（我們下榻的朋友家）而言更是壞消息，因為兒子塞登德拉的婚禮預定在我抵達的那天早上六點舉行。選在這個吉日、吉時是因為克德紀家族的占星師認為，這是這對新人結婚的吉日良辰。若宵禁不解除，下一個良辰吉日得等數月之久。整個國家和克德紀家族都屏息等待，我也一樣。

除了局勢趨緊，輪流停電也是問題。桑妮塔寄來的電郵總是時斷時續，有時隔兩三天才收到一封信，因為得看她家每天來電時間的長短而定。我希望現在這封信以及她的回覆都能速寄速達。我想知道尼泊爾的最新發展，但不想外漏對這趟旅程的疑慮，以免桑妮塔擔心。我想去尼泊爾，但必須尊重母親對尼泊爾之行的感受，也希望自己向丈夫報平安時，並未對他說謊。回到旅館商務中心，我連線至美國線上，登入自己的電子信箱，寄出一封語焉不詳的短信給桑妮塔：

親愛的桑妮塔：

來自德里的問候！我寫信想獲悉尼泊爾最新的政治情勢，今天我們從德里得知很多關於暴力衝突與宵禁的新聞。我滿懷興奮能在周一見到妳們所有人。若情勢有任何變化，請通知我們。我現在每天能上網收信一次。

祝好。

史黛西

幾乎是立刻就收到桑塔妮的回信。當時我正在檢視其他不算急迫的信件，聽到美國線上聲名大噪的來信提示聲。

親愛的史黛西：

Namaste！（譯注：音似拿馬思爹，梵文問候語）我們很高興能收到妳的來信，希望妳在印度一切開心順利。我們尼泊爾的確發生一些政治問題，但請勿擔心，妳的行程一切照舊。錢德拉先生會到機場接妳們。希望到時一切問題迎刃而解，宵禁也會解除。

期待盡快見到妳們！

桑妮塔

希望一切問題迎刃而解？宵禁也會解除？聽起來不完全是我希冀得到的安心保證，但聊勝於無。不管有沒有旅遊警示，我興奮地等著踏上這個被冠上「香格里拉」之名的國家。

很不幸，要飛到尼泊爾得先再過德里國際機場這關。這次，機場人山人海。人群與行李亂成一團，空氣裡溢出印度食物味與雜陳的體味，加上熱氣逼人，讓我有點暈頭暈腦。我和母親拖著笨重行李加入大排長龍的安檢隊伍，將行李放上輸送帶接受X光檢查，然後快跑至登機門。

登上印度捷特航空（Jet Airways）的班機，母女倆安心愜意地坐定後，我這才覺得如釋重負。我回顧在印度的所見與所學。儘管貧窮現象充斥各個角落，卻非難以克服。工作於印度保育社、阿西西服飾、重返自由、哥達瓦里河合作社的婦女們進一步鞏固我的信念，深信公平貿易確實能改變人生，提供婦女就業機會、穩定持續的收入、合理薪資以及尊嚴。看到這些公平貿易機構蒸蒸日上，連帶感覺自己發心於地下室的夢想種子也將開花結果。上述這些偉大組織一開始都是從小處做起，協助的女性也僅是少數，但是隨著時間淬鍊，規模愈來愈大，協助的女性也增加為數百位，這正是姊妹共創社當前的作為。最重要的是，一開始沙灘雖然遍布被沖上岸的海星，現在眼前所見卻是浩瀚如海的機會，即使一次只能幫幾位婦女，卻足以讓世界變得不同。因此這次印度確實不枉一訪。現在，我坐在飛往尼泊爾的機上，心想下一站又有什麼奇遇會等著我們？

感恩一切

「傳播光的方式有兩種：成為蠟燭，或一面能反射光的鏡子。」

——伊迪絲・霍頓（Edith Wharton，美國作家）

不知是運氣還是天意，離開印度前往尼泊爾的前一天，宵禁解除了。尼泊爾是內陸國家，北鄰中國，東、西、南三面與印度接壤，人口約三千萬，大多聚居於土肥田沃的加德滿都谷。尼泊爾的美景甲天下，卻面臨許多難關與挑戰，除了持續動盪的政治局勢，成人識字率也偏低，多三分之二成年女性與三分之一成年男性是文盲。再者，尼國的人口不斷膨脹，就業機會卻是僧多粥少，超過一半的人口每天生活費不到一・二五美元。此外，尼泊爾也和印度一樣，世襲的種姓制度遍存於社會各角落。根據美國國務院統計，每年約一萬到一萬五千名尼泊爾女性被人口販子偷渡到印度，慘遭性剝削。我們搭乘的班機愈來愈接近尼泊爾，喜馬拉雅山峰峰相連直達天際的美景映入眼簾，令人屏息讚嘆。

「看，快看！」坐在我隔壁靠窗位置的尼泊爾男子說道：「看到了嗎？」他邊說邊熱情地指著窗外的藍天。

我們的班機平飛於世界最高峰珠穆朗瑪峰（又叫聖母峰）峰頂下約四分之一的高度，壯麗景色美不勝收。我迫不及待轉身想和母親分享新發現，卻差點撞翻她手上的檸檬汁。我伸手到皮包內欲掏出相機，結果，壓扁的史丹利（Flat Stanley）卻從皮包裡滑了出來，包內其他東西也跟著全掉在地上。隔壁的尼泊爾男子彎腰幫我收拾，看到史丹利時露齒一笑，問我：「這是誰？」

喜馬拉雅山腳下的婦女

我的女兒凱莉安和美國許多小學二年級生一樣，都讀過童書《壓扁的史丹利》。書中主人翁史丹利不小心被壓扁，因此可被裝到信封裡郵寄到遠方拜訪朋友，到處闖蕩冒險後再裝到信封裡寄回原來的主人家。凱莉安班上每個同學都得將自己的史丹利寄給遠方的朋友或親戚，等史丹利回到家再貼到布萊德福小學走廊上的地圖牆。凱莉安拜託我帶著史丹利一起拜訪印度和尼泊爾，讓他認識這兩個國家的朋友。我個人倒是可藉著史丹利一解思女之苦。在印度，我幫史丹利拍了許多照片，諸如吃飯、購物，甚至戴著印度保育社送我的乾燥金盞花花環。

我將史丹利遞給隔壁的尼泊爾男子，並用數位相機拍下他們相會的畫面。接著我將鏡頭轉向窗外，捕捉壯闊的聖母峰，一心希望班機快點著陸。「Namaste，」鄰座男子雙手合十和善地問候我，然後把史丹利還給我，我再小心翼翼把史丹利塞到包包裡它專屬的位置。

「Namaste，」我第一次用這句梵語問候人，之後一直將這句話掛在嘴上。

不知不覺我們已飛到雲層下方，我看見綠油油的梯田以及搭配廟宇式屋頂的方形紅磚屋。一個顯眼的白色小丘，上面點綴著五顏六色，還有一雙能透視人心的巨眼看著我們。再仔細一瞧，發現它其實不是小丘，而是遠近馳名的佛教聖地博拿佛塔（Boudhanath Stupa）。該佛塔是西藏之外最重要的藏傳佛寺。佛塔在陽光下白得發亮，飛機逼近跑道著陸之前，我們看見了繪於佛塔四面的佛眼，從四面八方俯視著加德滿都谷地。五色的經幡旗幟迎風飄蕩，彷彿彩紙撒在佛眼四周。儘管我明白尼泊爾面臨重重問題，但一到這裡我感覺彷彿回到家，內心不自覺湧起唱頌「Om」（譯注：音似嗡）那種深層平靜感。Om是梵音，常用於冥想或瑜伽，它沒有明確的定義，但據說是祈禱或念經時用於開頭與結束的神聖唱頌。我們一行人站在安靜且秩序井然的隊伍中等待入關，看著特里布汶（Tribhuvan）國際機場精雕的廊柱和櫃台，以及窗外以喜馬拉雅山為背景的市景，忍不住感受到唱頌Om時一樣的平靜感。

尼泊爾公平貿易組織袖珍工藝品（Sana Hastakala）的執行長錢德拉．卡奇西帕提（Chandra Kachhipati）在出境大廳等著接機。儘管素未謀面，他卻一眼就認出我們。「Namaste，」他向我們問好，並將行李放進紅色掀背小廂型車裡。車子駛進加德滿都市區，前往袖珍工藝品的店面和縫製工廠。加德滿都的交通頗為順暢，不像德里到處塞車。途中看到一個男子騎著機車呼嘯而過，機車兩側各有五隻雙腳被縛倒吊而掛的活生生雞隻，跟著機車一路拍動翅膀掙扎。加德滿都雖是個大城市，但步調緩慢平靜，不像忙碌熱鬧的德里。市區以長形多樓層建築為主，四周雖被綠色山丘包圍，但市區的空汙比印度嚴重。根據我在科羅拉多州居住的經驗，位於洛磯山脈山腳下的谷地彷若捕集碳廢氣的器皿，因此位於喜馬拉雅山腳下的加德滿都也面臨同樣的命運，過量的人為碳廢氣滯留在加德滿都上空，到了傍晚，空汙尤其嚴重。

車子停在喜馬拉雅飯店對面的小車道。該飯店是袖珍工藝品附近的知名地標。錢德拉開門歡迎我們進入一個花園，母親和我走在他後頭，穿過開著鮮豔花朵的小花園，經水泥地長廊來到他的辦公室。進入辦公室前，他先脫鞋，我和母親也依樣跟著做。辦公室裡，年輕女子曼茱西瑞立刻放下手邊的打字工作，起身招呼我們。「Namaste，」她說道，同時彎腰向我們致意。

我也回以「Namaste」，似乎愈來愈熟悉尼泊爾的打招呼方式。

我們一邊啜飲香醇的奶茶，奶茶由阿薩姆紅茶、牛奶、小荳蔻之類的香料沖泡而成，暖胃而順口，一邊聽著錢德拉簡介袖珍工藝品的歷史，以及和該組織合作的藝工。袖珍工藝品成立於一九八九年，由聯合國教科文組織提供創業所需的種子資金與技術支援。這些年下來，袖珍工藝品已能獨立作業，曾為頗有實力的公平貿易組織，旨在為窮人爭取權益，也為國內一千五百多位藝工創造掙錢機會。Sana Hastakala在尼泊爾的意思是袖珍工藝，其中許多藝工來自偏鄉的婦女社團。若非袖珍工藝品，這些藝工憑己之力恐永遠打不進國內外市場。姊妹共創社於二〇〇五年開始和袖珍工藝品合作，以KABW（昆嘉藝術串珠工坊）為首的幾個婦女團體生產的手工品締造斐然成績。比瑪拉・萊（Bimala Rai）加入KABW已十八年，擅長串珠飾品。她對我說：「加入KABW之前，我無一技之長，也沒有自己的收入。KABW提供我學習技能的管道，讓我得以掙錢養家。」

喝了滿肚子的茶後，我們上樓，參觀位於辦公室與店面之上的女子縫製工廠。雖然袖珍工藝品合作的工匠多半住在郊區，不過加德滿都市內的婦女也亟需就業機會。身障婦女在尼泊爾飽受歧視。袖珍工藝品培訓了一群手巧的身障婦女，其中兩位聽力嚴重受損，其他人也有中等程度的身體缺陷。她們在店面樓上的舒適寬敞空間縫製手藝品、處理需要量身訂做的特殊訂單。許多訂單需要發揮創意，將其他藝工手織的布料，化身為流行商品。例如將尼泊爾喜馬拉雅山區原生蕁麻葉織成的布料加以裁剪，變成手提袋、拖鞋、成衣、布袋、飾品等等，最後再用印度學派裡代表心輪的金剛菩提子裝飾。

我們參訪當天，九位女工正在縫製棕褐色鑲紅邊男用布製皮夾。每個皮夾都印上藍色尼泊爾文字，曼茱西瑞解釋這是防治愛滋病的警語。一個公衛組織會將皮夾連同保險套發給長途貨車司機，這些司機往往將路上風流時感染的愛滋病毒傳染給妻子。

眼看機不可失，我從皮包中拿出壓扁的史丹利，邀請大家和他合照，大家都被逗得咯咯笑，我請曼茱西瑞說明史丹利的來歷，以及我女兒拜託我帶他來的用意。按下快門拍下大合照後，我另外照了一張錢德拉、曼茱西瑞和史丹利的合照。

袖珍工藝品除了雇用女子在自家生產單位就業，也援助偏遠地區婦女，讓她們在自家工作，其中不少人因而成了家中的經濟支柱。三十六歲的米娜·昆瑪麗·馬哈珍（Mina Kumari

Maharjan）嫁入務農家庭，農忙時期必須和丈夫一起下田，但收入無法維持家計，也負擔不起兒子的學費。米娜和袖珍工藝品合作之後，使用當地羊毛編製姊妹共創社下單的錢包與提袋。過沒多久，她的收入就超過丈夫，也能送兩個兒子上學。「米娜由衷感謝妳對她的慷慨襄助，謝謝妳下單採購她的毛製手工藝品。」曼茱西瑞在我們走進店面時對我說。

樓下店面彷彿是手工藝品的寶庫。沿著入口牆面，柔軟、鮮豔的羊絨披肩，整齊堆疊在一個個方格裡。方格旁邊，陳列著手作包裝紙、日誌和卡片等商品。遠端的牆面掛滿毛製背袋、地毯、鉛筆盒、帽子等等。地上擺了成排的籃子，裡面裝了毛絨玩偶鑰匙圈、髮飾等等。店面中央的展示區販賣琳琅滿目的串珠與銀製飾品、銅製誦缽、神像、羊毛衫、手繪麥塔里（Maitali）藝品。麥塔里是尼泊爾傳統彩畫，鄉村地區女子常將麥塔里畫繪於房子上。繪畫內容圍繞女人工作打轉，諸如打水、煮飯，或以簡單筆觸呈現烏龜、鳥等動物。藝工把傳統麥塔里圖案繪於小盒子、托盤與鏡子上。曼茱西瑞告訴我們，除了金屬製品和雕刻，店內幾乎所有的工藝品皆出自婦女之手。錢德拉拿了一個又一個樣品給我看，我一一拍照後，簡單寫下製作者的背景、商品特色和價錢。我問錢德拉對公平貿易的看法，他說：「公平貿易的核心是改善工作文化，讓生產者與經銷商能像家人攜手合作，互惠互利。這麼一來，工作不再只是掙錢，而是追求自我肯定。」我特別注意到他用了家人這個詞。在印度，我盯著路邊乞討小女孩的雙眼，想像她們是我的女兒。唯有我們公司以及顧客將這些商品背後的女子視若姊妹，姊妹共創社的事業才會成長茁壯。

太陽下山，店內的燈光也暗了下來，錢德拉表示我們應在天全黑之前動身拜訪奇朗・克德紀（Kiran Khadgi）和姬塔・克德紀（Gita Khadgi）夫婦的家。我和母親用尼泊爾盧比買了一大袋藝品，心想裡面每一件都是非買不可，其中許多東西等我回去再好好和瑪麗麥可研究一番。此外，我也替親朋好友與自己買了一些伴手禮。袖珍工藝品的東西種類又多又細。依卡絲巾（Ikat scarf）、毛氈袋、保暖的針織衫、串珠首飾、手作紙和羊絨披肩等等，都美得令人愛不釋手。坐上錢德拉的車子後，我們滔滔不絕盛讚他網羅至旗下的才氣藝工，錢德拉似乎有些不好意思，轉而介紹沿途的景點。我們將前往距離加德滿都四・八公里的古城帕坦（Patan）。

帕坦、加德滿都、巴克塔普爾（Bhaktapur）是加德滿都谷地的三大古城，可欣賞歷史悠久的皇宮與宏偉廟宇。帕坦坐落在巴格馬提河（Bagmati River）南岸，城內的紅磚建築搭配無盡的田疇平野，構成一幅五彩繽紛的景觀。田裡種著花椰菜、青豆、甘藍菜、茄子等在地農作物。帕坦又名拉利特普爾（Lalitpur），意為美麗的城市。據說篤信佛教的印度阿育王在西元前二五〇年於帕坦的四個角落各建造了一個佛塔，如今阿育王佛塔內可見到有守護神與華麗雕刻的印度教神廟與佛寺。

不可碰觸之人

車子駛入帕坦的舊城區，街道愈來愈窄，兩旁的房舍似乎快連在一起。許多店家已準備打烊。每棟紅磚建築的門，無論是木門或金屬門，都漆上土耳其藍、綠、橙紅等鮮豔的顏色，只不過油漆多已斑駁脫落。沿路有小吃店、蔬果攤、賣藥的小販及裁縫店。我最喜歡一家肉鋪，老闆在一張矮桌上放了不知什麼動物的腿，已去皮烤過，但仍連著蹄。雙向車道漸漸縮成一線道，幸好路上多半是摩托車，尚可從我們車子旁的狹小空間裡鑽進鑽出（尼泊爾擁車人口只佔全國五％）。後來我們真的與另一輛車「狹路」相逢，這時對方必須倒車，一直退到能讓兩輛車同時通過的寬度才行。

車子停在奇朗和姬塔．克德紀的家門前，我們在屋外就聽見裡面賓客開心慶祝的聲音。婚禮從早上六點開始，至今已持續了近十三個小時，但大家仍意猶未盡。錢德拉直接打開前門，因為敲了門大概也沒人聽見。玄關的地板上擺了一堆鞋子，我們小心翼翼地前進，以免被絆倒。將包包置於石製地板，脫了鞋，我們走進起居室，加入熱鬧的人群，原本的笑聲與喜慶活動轉為熱情的問候，我們才結束寒暄，有些人已穿上外套準備離開。

「Namaste，」奇朗彎身說道，並和我握手，我也回以Namaste。奇朗接著向屋裡多到讓人眼花撩亂的賓客介紹我和母親。

不管你信仰為何，看到在場每個人（男女老幼皆然）雙手合十、鞠躬，口念Namaste迎接你時，你真的無法不感受那股神聖為你祝福的祥和之氣。Namaste不只是尼泊爾的問候語，也大略有「我以內在靈性之光，向你內在靈性之光致敬」之意。我不禁揣想，如果我們在美國能多花些心神，用這類充滿力量的詞語問候彼此，或許能真實看見對方內在之光。這些尼泊爾朋友們由內而外發出燦爛光芒，很容易看見他們每個人內在最美最好的一面。

賓客漸漸散去後，原本溫暖的客廳，因為冬天的寒氣，暖意迅速往下掉。對克德紀家的第一印象是非常寬敞，直到獲悉這房子住了十二位成員及多位訪客，足足佔去八間房。家裡人數一下多一下少，視當天需要借宿的人數而定。奇朗引介我認識一位年紀較長的紳士，他坐在沙發上，戴著高頂圓呢帽，有點類似美國國慶遊行時，聖地兄弟會（Shriners）開卡丁車所戴的款式。「這是家父，西迪・巴哈杜・克德紀（Siddi Bahadur Khadgi），也是坎布什瓦技職學校（Kumbeshwar Technical School，簡稱KTS）創始人。」

奇朗的父親是該村有遠見的智者。他過去在帕坦經營有機肥料事業，事業有成。肥料來自動物的骨骸。雞羊等動物被宰殺後，業者磨碎骨骸，將骨粉用作禽畜飼料或灑在田裡充當抗寒作物的肥料。克德紀老先生每天大清早開著卡車穿梭於加德滿都谷地，向肉販、農民、一般家庭收集剩骨。由於每天都非常早出門，經常會看見清道夫趕在市區開始一天的喧囂之前，做最後收尾的工作。多數清道夫出自尼泊爾種姓制度最低階層：波德（Pode），尼泊爾版的「不可碰觸之人」。清道夫只是對他們的委婉稱呼，因為他們實際上經手的是人體排泄物。花了一整晚辛苦清理家家戶戶的穢物，好心人會將殘羹剩飯送給清道夫作為報酬。他們的衣衫襤褸，吃的東西不營養也不衛生，和牲畜擠在又小又髒的空間，因此常與疾病為伍。帕坦有一個自來泉水，提供居民乾淨飲水，但屬於波德階級的賤民不得接近取水區。克德紀老先生認為，波德階級靠自己勞力掙生活，存在價值不容抹滅，他再也受不了袖手旁觀眼睜睜看著這些人受苦。我想，從克德紀老先生開始幫助社區貧窮弱勢者開始，他就實踐了Namaste的精神。其他村民選擇漠視這些賤民時，他看見並肯定這群人的內在之光。

一開始，他打破禁忌，陪同清道夫到集水區，讓他們不受限地在這裡飲水。儘管受到排擠與敵視，克德紀老先生並未妥協，持續帶著清道夫到此喝水。久而久之，終於打破村裡的禁忌，讓清道夫和其他村民一樣有權在這裡喝水取水。克德紀老先生接著在自家為清道夫的子女設立托兒中心，最後擴大為小學，聘當地婦女擔任教師。最後克德紀老先生認為，波德階層的男男女女需要就業機會，因此成立技職學校，教導女子編織技巧，傳授男子木工技能。技職學校來者不拒，所以克德紀老先生在自宅後面加蓋校舍。一開始的簡單善行慢慢茁壯成受各界推崇的非政府組織，讓兩百五十多名學童接受小學教育；提供成人針織、織毯、機織、首飾製作、木作等技能訓練；收容照顧二十名孤兒；以及成立生產部門，讓大家擁有穩定長久的工作。

和奇朗與克德紀老先生交談一會兒之後，奇朗的女兒桑妮塔帶我們到客房。桑妮塔發現母親在客廳冷得發抖，所以在我們房間放了一台電暖器。「這能讓妳們睡覺時暖和一點。」她說，然後道了晚安。我們開心地打開電暖器、鑽進被窩，最後還是鑽出暖被，把電暖器插頭拔了，因為暖器發出嗡嗡的噪音，又閃著亮光，干擾睡眠。我們蓋著塞滿回收布料的厚棉被，睡得又香又沉到天明。

隔天我們起得很早，跟著桑妮塔參觀「舊屋」，這裡之前是克德紀家族的住家，現已改建為坎布什瓦技職學校。隨著學校不斷茁壯，克德紀家族只好騰出更多空間充當針織衣廠房、學校、木作訓練所。最後克德紀家族另外蓋了一屋，供家人住宿，但姬塔每天仍在舊屋下廚，幫家人和受雇員工料理三餐。桑妮塔帶著我們參觀教室、托兒中心、數個生產廠房，這裡專門生產坎布什瓦販售的商品。我沒想到姊妹共創社在這裡下單購買的每一件毛衣需要這麼多人手幫忙。我為姊妹共創社設計了第一款有機服飾系列並委請阿西西服飾縫製後，過沒多久我決定增購ＫＴＳ的針織衫。我決定讓姊妹共創社跨足女衣市場，因為美國女性每一季都會添購新衣。我樂於告訴顧客：「只要改變服飾，就能改變另一人的人生。」以ＫＴＳ的針織衫為例，每件衣服均牽動多位婦女的生命。首先，由一人將生羊毛用紡錘紡成毛線，繼而將毛線放入庭院的大銅鍋裡染色。負責染色的女子坐在熱滾滾的染色桶上方，不斷旋轉輪子，確保輪上的毛線均勻上色。染好色的毛線被掛在曬衣繩上晾乾，乾了之後，屋頂上六位婦女用捲線器將一絞一絞的毛線捲成球狀。最後，毛線球被送至針織部門，多位婦女跪坐於軟墊上，圍著六十公分高的工作檯織衣。

我努力克服懼高症，跟著一群人攀著金屬梯爬上屋頂拜訪那六位女子。她們親切地招呼我們，並讓出一張桌子，請我們坐在上面。桑妮塔以及針織生產部門的協調人里娜．巴吉拉恰雅（Rina Bajracharya）向我展示一件又一件針織衫。在眾人慫恿下，我充當一日模特兒，試穿各種款式的毛衣，穿梭於婦女之間徵詢意見。所有針織部門的婦女都上過ＫＴＳ提供的免費針織課程。該課程對村內所有婦女開放，學成之後可以到ＫＴＳ上班，或者只是單純地為家人織件衣服。有些婦女偏愛在家工作，既能陪伴孩子、打理家務，又能利用空閒織些衣服。ＫＴＳ的針織部門不只負責織衫，也為在家接件的婦女把關品質。

里娜中學畢業後就在家接件，為ＫＴＳ織衫。慢慢地，她成了其他婦女敬重的大姊，並被拔擢擔任管理職。在ＫＴＳ工作一段時間後，她在家人安排下結婚並育有一子一女。里娜生完兩個小孩後曾有段時間在家相夫教子，然後才回到工作崗位，這點讓她的婆婆非常不滿。里娜的婆婆認為女人除了照顧家人之外，不該在外工作。里娜和丈夫都出自傳統的內瓦爾族（Newar），代代從事木工，部落的觀念認為男主外、女主內，但兩家族的經濟都非常拮据。里娜希望能讓孩子過更好的生活，她的丈夫也支持她在KTS工作。照理，女子婚後就應待在家裡由婆婆指揮管教，里娜卻打破傳統在KTS工作。但過沒多久，她的公婆與妯娌目睹她的薪水對一家族生活的影響，最後里娜靠著提供優渥生活，成功拉攏親家，甚至她的婆婆和妯娌也都參加了KTS的針織訓練課程。她們熱愛編織，也在家接件織衫賺些外快。

然而，多數在KTS工作的婦女沒有那麼幸運，可以像里娜一樣有個全力支持的丈夫。她們許多是單親媽媽，有的甚至遭到家暴。莎拉希沃提．夏奇亞（Sharashwoti Shakya）是針織衫生產部門的助理，她老家在盧布胡村（Lubhu），父母安排她嫁給一位離了婚的男子，讓她能從鄉下搬到帕坦。她的丈夫是木工，酗酒成性。莎拉希沃提必須同時照顧丈夫、三個孩子、一個繼女以及婆婆。家中經濟拮据，只能勉強餬口，她向友人學習編織，其中一位朋友介紹她到KTS。她加入KTS團隊，在家接件織衫，丈夫去世後，她一肩扛起家計的重擔。莎拉希沃提工作勤奮，不久成為KTS倚重的員工，負責訓練其他新人。

每天下午一點是午餐時間。姬塔一整天幾乎都在料理三餐，每天至少張羅十五人的早、午、晚三餐。有些KTS員工也會和克德紀一家人一起吃午餐。我算了一下，每天中餐大約有二十多人祭五臟廟。對我而言，要煮出這麼一大桌菜，付出的心血不輸張羅感恩節大餐。但姬塔似乎不費吹灰之力，享受著大家要求再來一碗的盛情，以及不絕於耳的盛讚。姬塔讓我想起自己的曾祖母伊莉莎白，她在我年幼時也為家族企業的職員準備午餐。上小學之前，只要聽到鎮上中午的鐘聲，母親就會帶我到曾祖母家用餐。祖父克拉克、祖母艾琳、叔父蓋爾、嬸嬸克莉絲汀、父親等人都會聚在曾祖母家，享用曾祖母烹煮的燉肉或雞肉料理，這些多半是今日婦女在周日才會張羅的料理。透過姬塔的料理，我體會到曾祖母當年對家人的照顧與愛護。

小善舉大改變

和克德紀一家人吃飯趣味橫生，逗得我這趟尼泊爾行笑聲不斷。和克德紀家族第一次同桌用餐時，姬塔端上烤雞，配菜包括傳統扁豆、蔬菜與米飯。「我不吃雞肉。」母親說道，搖頭拒絕接過姬塔手上的公匙：「我像史黛西一樣吃素就好。」

奇朗抬起頭，還沒開口已忍俊不禁：「黛安，妳該不會是怕得禽流感吧？」說罷，全桌人捧腹大笑。母親的確擔心在東南亞爆發的禽流感疫情，但她還是拿了一塊雞肉，證明奇朗誤會她了。

還有一晚，姬塔煮了湯麵。克德紀家族有兩位年長的姑嬸，其中一位坐在我對面，努力和湯麵奮戰。她缺了兩顆門牙，門牙正下方又缺了三顆牙，但性格開朗，笑容滿面。每次她吸了滿滿一湯匙的麵，總有幾條會從缺牙的洞口掉出來，但她卻把困難重重的挑戰變成開心的遊戲，逗得同桌所有人笑聲連連。克德紀全家視我如己出，彷彿我是他們失散多年再度回家團圓的表妹。

他們就是這樣包容接納所有路過的外人。其實克德紀這家人並非特例，我們在尼泊爾認識的所有人，莫不殷勤邀請我們到他們的辦公室、住家，甚至生活，彷彿把我們視為家人。我走訪過的國家中，尼泊爾的美麗與好客真的是箇中翹楚，很難將它和動盪與衝突聯想在一塊。一位善心人一開始只是想幫助可憐的鄰居喝到乾淨的泉水，沒想到小小善舉卻茁壯成規模頗大的社會企業，光是針織衫部門就雇用了一千七百五十六名女子，她們在坎布什瓦技職學校的廠房或是加德滿都谷地的住家裡，投入針織衫生產。克德紀老先生是體現「小善舉大改變」的最佳代言人。這種勿以善小而不為的精神已向下延伸了兩代，繼續實踐克德紀老先生的初衷與使命。

我們和尼國婦女以及KTS員工相處時，覺得溫暖滿人間，也習慣了KTS水泥辦公室冷到骨子裡的寒氣，一定記得戴上手套、穿上厚襪。每天一大清早趕在正式上班之前，桑妮塔會帶我們拜訪寺廟、參觀景點。有次奇朗和我們一起前往加德滿都的杜巴廣場（Durbar Square），因為他不放心我們獨行，覺得有他保護比較安全。近來尼國連連發生暴動，武裝警衛站在充當路障的沙包之後，準備逮捕示威人士。我無知地隨手拍了一張警衛照，結果被奇朗怒斥，警告我相機可能會被軍方沒收，所幸那位入鏡的警衛似乎沒發現，或者不在乎被拍。

前往尼泊爾之前，我列了一張清單給桑妮塔，告訴她我想拜訪的團體。桑妮塔充當我的祕書，安排所有會晤行程，她的父親則抽出時間載我們到目的地。拜訪非營利組織普拉提希坦公共福利（General Welfare Prathisthan，簡稱GWP）的工作人員尤令我雀躍，我一年多前開始向該組織購買產品。

前往尼泊爾的前一年，姊妹共創社舉辦第二屆年度國際婦女節活動，活動的主題聚焦於人口走私這個令人髮指的惡行。由於第一屆國際婦女節活動獲得熱烈迴響，這次多了好幾個組織出資贊助。白宮專案（White House Project）、洛磯山脈釘槍（Rocky Mountain Riveters）出資替姊妹共創社包下丹佛的東方戲院，放映安德魯．李維（Andrew Levine）執導的紀錄片《那天，神不再與我同在》（*The Day My God Died*）。我們將這次活動定調為「獨一無二的盛會，立足在地，放眼全球」。一如上一屆，與會婦女超過兩百人，但少了去年興高采烈的氣氛。紀錄片呈現幾位尼泊爾年輕女子的故事，她們被人口販子拐騙，賣到娼寮為妓。安妮塔十二歲被賣到妓院，西塔十五歲開始接客，吉娜年僅七歲就淪為雛妓，在妓院接客的第一天慘遭十四名男子蹂躪。儘管觀眾事前已知影片的主題，但看了這些人的遭遇仍激動震驚，有些人哭著離開戲院，留在戲院的人則坐在位子上拭淚。大家顯然沒有心情購物或品嚐乳酪蛋糕。去年宣揚和平的主題廣受婦女歡迎，今年探討人口走私之惡，顯然讓大家難以承受。

根據美國國務院統計，全球每年多達一百萬兒童被逼為娼，其中多達三分之二感染愛滋病毒。國際人權觀察指出，有些少女以不到一百美元被賤賣。我認為，不管人口走私多麼令人難過，這類惡行不容忽視。紀錄片中的非政府組織尼泊爾母親之家（Maiti Nepal）非常了不起，致力於拯救少女脫離火坑，同時將人口販子繩之以法。我尤其欣賞創辦人阿努拉達．柯伊勒拉（Anuradha Koirala），她說：「首先得學著將她們視為自己的孩子，悲其所悲，內心就會湧出一股力量，驅策你挺身站出來保護她們。」

第二屆國際婦女節活動讓我有機會認識兩位女士，她們一生致力於打擊人口走私。現代版的廢奴鬥士莎拉・西門（Sarah Symons）和肯琳・柯林（Kenlyn Kolleen）在美國各自成立非營利組織，為尼泊爾的反人口走私訴求與活動募款。莎拉在某個影展看到紀錄片《那天，神不再與我同在》，事後在麻薩諸塞州成立解放網（The Emancipation Network）。透過導演李維先生牽線，我和莎拉互通電話，成為好友。肯琳和我住在同一條街，她創建的組織：還孩童自由（Free A Child），全力幫助少女挺身對抗在尼泊爾偏鄉活動的人蛇集團。還孩童自由也透過尼泊爾較大規模的非政府組織GWP贊助，經營教育計畫。肯琳明白GWP有意擴大就業輔助專案，讓逃出火坑的女孩、恐遭人蛇集團走私販賣的高危險女童都能受惠。肯琳認為姊妹共創社是最佳合作夥伴。國際婦女節活動讓我了解何謂「活到老學到老」。當初辦活動只是想讓大家了解尼泊爾女童的狀況，沒想到因為肯琳和莎拉，我自己受惠最大，認識更多有關人口走私的真相。

我們沒辦法開六小時車到加德滿都之外的少女工藝中心，但我開心地拜訪GWP辦公室，研究GWP為窮人設計的各種專案，同時也拜會那裡的工作人員。認識肯琳後，我開始向GWP購買各式各樣手作紙產品，現在來到尼泊爾，想親自了解她們對於就業輔助計畫有何看法。

一到GWP辦公室，主人立刻端上熱茶款待，我們坐定後，聽取工作人員專為我們準備的口頭報告。他們表示，尼泊爾約有七千到一萬名七歲至十七歲兒童被誘拐、買賣、強擄，最後淪落印度娼寮變成性奴。更多的孩子被走私到大戶家裡為僕，在工廠當童工，以及其他各種強迫勞動。這些孩童多半來自偏鄉貧困家庭，未受過正規教育。GWP和還孩童自由合作，向七千多人伸出援手，並為三百五十多名年輕女子提供技職訓練、設計生財專案。GWP非常感謝姊妹共創社的訂單和支持。製紙小組規模小，只能雇用十二到十五名年輕女性。其他生財計畫包括縫製當地服飾、種薑、養羊、養禽等等，滿足當地人的生活基本需求。製紙專案協助窮鄉僻壤的婦女，她們受訓沒多久，產能突飛猛進，出自她們巧手的日記本、色彩鮮豔的記事卡，深受姊妹共創社顧客青睞。一如印度「重返自由」推出的手提包，我覺得GWP每賣出一件單品，就標記一個年輕女子掙脫性奴的枷鎖。

又到了離開的時候，GWP全體員工約二十人突然衝出會議室，連一聲再見也沒說，實在不像我漸漸愛上的尼泊爾待客之道。GWP的負責人馬赫許．巴塔萊（Mahesh Bhattarai）和我們聊了一會後說道：「請跟我來，我們在樓下為妳們準備了一個小驚喜。」我們下樓走到街上，看到一間小店舖門口繫著一長條紅色緞帶。

「這是尼泊爾姊妹共創社（Girl's Friend Nepal）全新店舖。」馬赫許驕傲地宣布：「以資紀念姊妹共創社，感謝它成為我們尼泊爾女性之友。」

他遞給我一把剪綵用的大剪刀，示意我剪斷緞帶慶祝開幕。「這裡將銷售女性製作的精美工藝品，並免費贈送保險套給任何有需要的人。」

她們的好意與熱情令我大為感動。走進三公尺見方的店面，甫上漆的白色櫥櫃擺滿了色彩繽紛的日記本、記事卡片、紙燈籠等等。她們的手藝一流，店裡生意興隆，讓我深以為傲。最後奇朗不得不硬拖著我，才把我拉出人陣。我忍不住駐足欣賞她們的作品，並不停地拍照。一如她們對我的付出與肯定，我希望能推廣她們的訴求，如願替她們建立更大的市場，讓外人注意到這群女子的困境。

奇朗努力地照時間表操課，催促我們和GWP工作人員道再見，以便挪出時間，趕在我們搭機離開前，再和他吃頓飯。我和母親並不餓，但我們知道，大家一起吃頓飯在尼泊爾是件大事，所以搭機返美前，同意和奇朗再吃一頓飯。奇朗希望這頓飯特別一點，因此我們在尼泊爾的最後一餐並非在姬塔的廚房，而是移師到麥可餐廳。餐廳位於加德滿都市中心，面對國王賈南德拉（King Gyanendra）皇宮的圍籬。大部分餐桌都擺在室外庭院，鋪著藍白相間的格子桌布。儘管奇朗平常偏好坐在戶外，但一月氣溫偏低，所以還是選了室內的位子。麥可餐廳，這個店名和加德滿都格格不入，聽起來有些可笑，因此我向服務員詢問誰是麥可。「麥可來自明尼蘇達州。」她笑答。據她透露，麥可曾是和平工作團志工，在尼泊爾服務兩年後，捨不得離開而留下來開店。我想念著在美國的家人，也開心下午終於能搭機返家，但我明白麥可何以選擇長居尼泊爾。我希望把在尼泊爾感受到的家庭味帶回美國，讓美國顧客和親友也能感受其溫暖。若姊妹共創社將其定位為尼泊爾大家庭的一分子，能和奇朗、姬塔、桑妮塔、錢德拉、莎拉、比瑪拉、米娜，以及所有尼泊爾婦女們同桌吃飯，也許世界會有所改變。陌生人受到傷害，大家或許不痛不癢，但家人不一樣，我們會不計代價全力保護。尼泊爾女性猶如我的姊妹和女兒，我會盡我所能保護她們免於性奴役、凌虐、貧窮等悲慘命運。返美之後，我也會要求姊妹共創社的員工和老主顧照顧周遭的姊妹。即使離開尼泊爾返回美國自己的家，但我知道在尼泊爾永遠有家人等著我回家。

相信

「有兩種方法過生活：一種是當這世上無奇蹟，一種是把每件事都當奇蹟。」

——艾伯特・愛因斯坦（Albert Einstein，科學家）

一位身形苗條、舉止優雅的女子朝我走來，淚水在她眼眶打轉。瑪麗麥可緊跟在她身後，手中緊抓著印度保育社安娜卡利（Anarkali）報紙圖案系列手提包。我心想，她一定被我的演講感動到落淚，心裡一陣暖意。我受邀擔任RE／MAX房地產公司舉辦的國際工商婦女節（International Corporate Women's Day）活動的三位主講人之一，才結束演講走下講台。我請觀眾一邊聽我的演講，一邊傳閱我帶來的手提包和首飾樣品。這位女士似乎被瑪麗麥可手中的提包吸引。

「我一定要買下這個包包，」她央求道。

「噢，我很高興妳喜歡。」我樂見有人欣賞我們的作品。「但這是唯一的樣品，下一批貨要數周後才到。如果妳願意，請留下電話號碼，商品一到，我會立刻通知妳。」

淚水滑下她無瑕的臉龐。「剛才看到印度婦女的照片，我深受感動。我丈夫曾在印度的石油和天然氣公司上班，他對當地人民有深厚的感情。」

我自以為了解她的狀況，但她繼續說：「數年前我丈夫因為車禍在印度過世。他身材魁梧、個性體貼，我暱稱他是我的耶誕老公公。今天，四月十九日是他的忌日。」聽到此處，我和瑪麗麥可也紅了眼眶。她說：「所以當我今天看到這個來自印度的提包，上面還印著耶誕老人的圖案，我能感覺他也在這裡，彷彿是他居中牽線，讓我認識妳們。」我將提袋拿近一瞧，果真看見《印文時報》（*Hindi Times*）的剪報經高溫壓印在提袋上的圖案裡，有一個小耶誕老人從字海裡探出頭來。在此之前，我從未看過耶誕老人出現在印度報紙上，之後也沒見過。

「它是妳的了。」我和瑪麗麥可幾乎同時說道。女子和提包的關係顯然大於任何一個我們可留下它的理由。把提包遞給她時，我們覺得自己彷彿是耶誕老人身邊的精靈。和這位女士的邂逅再一次證明人與人之間的連結不容小覷，世上每一件事之所以發生，並非只是巧合或意外。

我不過是平凡女子

其實，這世界為我和姊妹共創社安排許多意想不到的禮物。譚明（Ming Tan）是一系列「奇蹟星期五」來電的第一人。譚明是柯摩基金會（Como Foundation）的執行長，某星期五來電表示要贊助我們資金。柯摩基金會由柯摩集團旗下豪華連鎖飯店與度假村老闆出資成立。譚女士透過她的同事找到我。她的同事曾和瑪麗麥可的嫂嫂羅絲安一起到法國旅行。柯摩基金會的使命是贊助志在改善女性生活的草根團體，因此譚女士希望能贊助姊妹共創社。我非常扼腕地告訴她，姊妹共創社是營利公司（也是我在公平貿易圈極力宣傳捍衛的定位），無法接受慈善捐款。儘管我堅信以企業模式支持婦女創業，但是相較於動用到自己的私人積蓄，有人贊助當然讓人砰然心動。譚女士是絕佳傾聽者，聽完後遲疑一下再度問我：「如果無法在金錢上提供幫助，還有什麼是我們能做的？」我沉默不語，思考如何不浪費她的善心。

「我知道姊妹共創社有自己的服飾品牌。」譚女士說道：「由誰負責打版定尺寸？」

我想應該是我吧，當然印度女裁縫也幫了一些忙。我不會縫紉、從未上過設計課，卻包辦了設計與尺碼量測，可想而知，尺碼並不精準。第一批出廠的上衣，腋下太鬆，腹部過緊（只有十五歲少女才塞得下）。所有尺碼都偏小，適合比美國女性更嬌小的體型。我心想這問題時間久了，自然會改善。

譚女士提到柯摩集團擁有紐約亞曼尼副牌 Armani Exchange 大部分股權，她的辦公室就在亞曼尼的大樓。「如果妳願意，我們可以免費為姊妹共創社下一季的成衣打版定尺寸。」譚女士語氣一派輕鬆，彷彿只是問我要不要來罐汽水，而非送我奇蹟般的大禮。

「太好了！」這是我唯一的回答。

Armani Exchange 根據標準八號女性身形完成尺碼量測。兩件裙子、兩件洋裝、兩件上衣，以及瑜伽褲經過修改、黏貼、剪裁、大頭針固定、黑色麥克筆做記號等一系列作業，直到打版團隊滿意為止。接著為每件衣服繪圖以及製作標準尺寸表，附上在人形模特兒試衣前與試衣後的照片。Armani Exchange的打版團隊利用電腦微調細節，然後把版型寄給印度的阿西西裁縫團隊。亞曼尼小組大方分享相關知識，大幅提升姊妹共創社服飾的尺碼精準度。裁縫也受益匪淺，了解像亞曼尼這樣的全球性企業如何定尺寸以及量尺碼。服飾更合身，銷量也跟著增加，阿西西每年的訂單從五千美元漲到一萬八千美元，最近甚至突破十萬美元，影響所及，我們可以提供更多就業機會，進一步改善阿西西婦女的生活。

另一個星期五，早上我接到海瑟．亞歷山卓（Heather Alexander）來電，她任職於《有機風格》（*Organic Style*），我心想她大概想拜託我在她的雜誌登廣告，因此耐心等著她開口，沒想到她說：「妳的朋友瑪麗麥可．辛普森提名妳參加我們雜誌的有機時尚女性選拔，妳獲選為艾維諾（Aveeno）有機時尚女性競賽項目的得獎者。」我拿著話筒努力消化她的話，一時語塞，久久說不出話。她續道：「我們希望妳和友人瑪麗麥可兩周後飛到紐約，參加於林肯中心爵士樂社（Jazz at Lincoln Center）舉辦的頒獎典禮。當晚由雞尾酒會揭開序幕，之後頒獎典禮登場，妳將上台領獎。最後是點心時間與歌手艾莉森．克勞絲（Alison Krauss）演唱，所以活動會進行到深夜。」我再次不做聲，她問：「妳能出席嗎？」

她的話猛地將我拉回現實，我急答沒問題，內心澎湃、難以置信。兩人討論班機、旅館等細節後，海瑟說：「施比受更有福，我個人非常佩服妳的作為，等不及想見到妳本人。」掛上電話後，我激動地立刻打電話給隔壁的瑪麗麥可。

我萬分感激她提名我參賽，忙不迭地告訴她即將來臨的全額補助紐約行。瑪麗麥可笑道：「這是愚人節的整人技倆！」我的心一沉，猛然想起當天正是四月一日愚人節。究竟是誰在整我呢？「是愚人節的玩笑，對吧？」這次她不用肯定句，而是改用問句。有時候，瑪麗麥可是不折不扣的懷疑論者，所以一口咬定我在開她玩笑，直到發現這不是整人遊戲後，忍不住放聲尖叫，音量之大，隔著好幾道牆都聽得一清二楚。

在紐約林肯中心那晚彷若童話故事的翻版。我們穿著正式禮服，和《有機風格》雜誌總編輯吉妮・皮雲（Jeanie Pyun）、發行人瑪麗亞・羅戴（Maria Rodale）寒暄交談。我們也在媒體記者閃不停的鎂光燈前和許多名人合照，包括羅珊娜・阿奎特（Rosanna Arquette）、艾莉森・克勞絲。進入溫馨會場坐定後，看著海倫・杭特（Helen Hunt）以及傑瑞・史菲德（Jerry Seinfeld）的妻子潔西卡上台領獎。海倫和加州組織拯救海灣（Heal the Bay）合作而獲獎，拯救海灣致力拯救受汙染的濱海水域。潔西卡與非營利團體嬰兒車聯盟（Baby Buggy）合作獲得表揚，該組織為紐約有需要的母親募集與回收二手嬰兒用品。另一個得獎人是安・惠西（Ann Withey），她創立安妮自製（Annie's Homegrown）有機食品，我的孩子最愛她的兔子造型乳酪通心粉。此外，加州女議員芙蘭・帕福里（Fran Pavley）為空汙而戰，受到肯定。其他獲獎人包括查娜・布里斯基（Zana Briski），她是奧斯卡最佳紀錄片《生於紅燈區》（*Born Into Brothels*）導演同時也是非營利組織小小攝影師的異想世界（Kids With Cameras）創辦人，以及史黛拉・麥卡尼（Stella McCartney），大會肯定她推出一系列充滿社會關懷的訂製服。我的社工偶像瑪麗安・萊特・伊德曼（Marian Wright Edelman）也上台領獎，她是兒童保護基金會（Children's Defense Fund）的創辦人和會長，一生為孩童爭取司法正義。

獲獎女性各個成就赫赫，凡人難以企及，但輪到我上台時，之前的緊張侷促一掃而空。史菲德坐在第二排，對著我掛著他一貫的招牌笑容，此時我腦中只想到那些和姊妹共創社合作的女性。我對觀眾表示，這獎是意想不到的驚喜，我謹代表所有和我合作、努力不懈的女人上台領獎。我不過是平凡女子，家中地下室堆了許多塑膠箱。真正結合有機與時尚的獲獎人，應該是那些不管生活條件多麼惡劣，依舊奮鬥不懈，只為了讓自己與孩子過更好生活的女人。

俗語有道好事成雙，一個接一個來報到。獲頒有機時尚獎之後，三家科羅拉多州報社決定撰寫姊妹共創社的專題報導。《科倫拜快報》（*The Columbine Courier*）刊登一篇精彩報導，標題為〈加油，姊妹共創社〉。《科羅拉多風采報》（*Colorado Expression*）在工商版登了一篇特稿，題為〈本地一名女子改善全球許多女性的生活〉。丹佛都會菁英雜誌《五二八〇》也加入報導行列，標題簡短，就叫〈公平貿易潮流〉。

《五二八〇》刊出那篇報導數周後，我又在一個星期五接到電話，來電者是艾莉森．川普立（Allison Trembly）。她是全食超市（Whole Foods）在巴爾瑪（Belmar）新開分店的行銷主任。她在超市的雜誌架上讀到姊妹共創社的報導，想知道為何我們沒有和全食合作。「呃，我想是因為我們沒想過批發通路。」驚魂未定的我講話結巴，過了一會才恢復正常。「但我們想要和全食超市合作！該怎麼做呢？」艾莉森非常慷慨，不問理由立刻將我納入羽翼，並全程協助我，讓姊妹共創社產品獲准在全食超市販售。

全食超市是個絕佳合作對象。一九七八年，二十五歲大學輟學生約翰・麥奇（John Mackey）和二十一歲芮妮・勞森・哈迪（Renee Lawson Hardy）共同創立全食超市。最初只是小規模的素食超市，店名叫安心飲食（Safer Way）。店長約翰原本住在超市樓上，後來因挪出住處囤放商品，不得不移居樓下住在店裡。一九八〇年，這家位於德州奧斯汀的有機商店生意蒸蒸日上，並增加兩位合作夥伴，店名也改為全食超市。現在全食超市已是有機食品業的龍頭，在全美與英國共有兩百七十多家分店。

經過近六個月冗長申請程序，姊妹共創社的服飾與手提包才通過審核，正式獲准在全食超市上架販售。過程中，我得備妥產品的統一商品條碼（ＵＰＣ）、成本資料、能和顧客搏感情的產品故事等等。我們每件產品都附上吊牌，告訴顧客該商品出自誰之手，以及為何購買姊妹共創社的產品能改變世界各地婦女的命運。全食超市的審查過程滴水不漏，我們盡可能提供一切資訊，包括合作的婦女，她們的生計如何獲得改善等等。由於巴爾瑪分店最青睞姊妹共創社的有機棉女裝系列（已經過亞曼尼的專業打版小組把關），所以我必須取得所有服飾的有機認證。所幸合作夥伴阿西西服飾已完成ＳＫＡＬ有機棉認證（現在改稱ＧＯＴＳ認證，或全球有機紡織品認證標準），我只須將認證影印即可。

我也替姊妹共創社服飾申請美國有機貿易協會（Organic Trade Association）認證。通過審查後，艾莉森介紹我認識巴爾瑪分店的成衣採購員娜塔莎・卡佛特（Natasha Calvert），兩人一拍即合。二〇〇六年五月，姊妹共創社的產品在全食超市巴爾瑪分店正式上架，上架首日，全食辦了時裝秀以及大型展示會刺激買氣。我的姊妹們又一次踴躍出席共襄盛舉，欣賞她們發揮草根力量的成果。起初只是朋友和家人之間的大型家庭派對，現在竟可進軍全國性大型連鎖店開賣。目前姊妹共創社和世界各地多達二十五個婦女組織合作，直接影響近三千五百位女手工藝者的生活。當年區區兩千美元的國稅局退稅，三年後已擴大為二十五萬美元營業額的企業，專賣女性製作的公平貿易商品。和全食超市合作後不久，姊妹共創社營業額倍增。

人生就是如此

然而姊妹共創社的營運並非一帆風順，最大挑戰是收到的貨經常出錯，不符預期。我費了一番功夫和合作對象溝通，告訴她們我的要求。助人與生意往往是兩回事，難以平衡。姊妹共創社的目標無非是替婦女的手藝品打開市場，增加她們的收入和機會，但是要增加生意，婦女必須了解市場對於產品風格以及品質的要求。和這些合作團體溝通並不容易，我很難讓她們了解，何以產品的顏色和尺寸要一致。也很難說服她們，我明明訂了一百個白色和黑色的手提包，何以其中二十個不能是粉紅色或藍色。大多數婦女只跟當地人做買賣，當地顧客都不一樣，也不在意產品參差不齊、品質不一。姊妹共創社剛起步時，利用家庭聚會推銷商品，顧客認為這些產品瑕不掩瑜。不過進入大型零售商和網路購物平台後，顧客會要求同款式商品必須一模一樣，不容差異。

要求合作女藝工出貨要正確、標示要確實、文件編制要符合規範等等，也費了我一番功夫。

這不是她們的錯，連我自己有時也搞不清楚美國海關的要求，因此無法正確交代合作對象該怎麼做。例如進口印度保育社第一批貨品時，我收到美國海關的通知，原來產品並未附上印度製造的產地標示。我當時並不知道所有進口品都必須附上產地標示，也不清楚收到海關標示通知是多麼嚴重的事。當海關官員一本正經地警告我，所有未標示產地的商品必須焚毀時，我嚇到幾乎焦慮症發作。所幸海關給我三天寬限期，我親自出馬，一一為手提袋貼上產地標籤。海關警告我，下不為例。還有一次，我在自家客廳拆了兩個箱子後，赫然發現手提袋上面全是蟑螂。姊妹共創社可沒編列殺蟲預算。

有時我會開一個小時的車到機場取貨。有時貨太多，即使已將後座椅放倒，仍很難將東西全塞進迷你廂型車的後車廂。幾次之後，原本應花錢請貨運公司宅配，但省錢至上的我不介意自己上陣。有次實在無法將所有箱子塞進廂型車，只好拜託碼頭一位女性工作人員，稱這批貨是為了慈善事業，說服她幫我拆箱。少了多餘的包裝後，東西順利塞進車裡（她甚至答應讓我把箱子留在碼頭）。儘管東西多到遮住所有車窗視角，只剩前面擋風玻璃可看到往來車輛，我卻為省下兩百五十美元的運費而洋洋得意，開著塞爆的廂型車回家。

有次去機場途中，手機響了，話筒彼端傳來一位爆怒男子的聲音。「姊妹共創社到底是怎麼回事？」他對我吼道，我來不及回應就被他打斷：「我這輩子從來沒買過妳們的東西，但信用卡卻出現一筆刷卡記錄。」

「請問你結婚了嗎？」我不慍不火地問。

「是，而且我太太……」他才開口，卻換我打斷他的話：「我們販賣由世界各地貧窮婦女製作的皮包和飾品。你太太是否有可能在我們的網路商店買了一個手提包？」

「噢，」他答道，語氣仍有些不平，但顯然鬆了一口氣：「是，我想是她買的。」然後立刻掛斷電話。

還有一次，我在清晨接到一通來自新辦公室打來的神祕緊急電話。由於生意蒸蒸日上，我、瑪麗麥可、凱西與珍妮每周須工作三天，負責客戶服務以及打包出貨。我們需要比我家地下室更大的空間，所以我在利特爾頓舊城區租一間維多利亞式房屋的一樓。辦公室有完整的電話系統、公司的電話號碼、辦公桌、櫥櫃和傳真機。接到那通怪異的電話之前，我們對於新辦公室的一切都非常滿意，蓄勢待發。

那天早上七點十五分，我在家裡接到一通電話，來電者是利特爾頓警察局一位員警。「女士，我們接到妳辦公室打來的緊急電話，會不會是妳公司的員工？」

不可能，當時沒有人在辦公室。我告訴他辦公室樓上住了一名女子，叫葛蘭達，他應該親自上門確認她是不是因為無助而打電話求助。「我現在就在葛蘭達的家裡，女士。」他答道。

我百思不解又有些害怕。布萊德已出門上班，我把小孩托給瑪麗麥可照顧，請她丈夫格雷跟我一起到辦公室，和警員談談。我們輕步踏進辦公室，兩位警察仔細檢查每個角落，從門口到衣櫃，甚至辦公桌和櫥櫃後方也不放過。室內的空間沒有很大，所以沒花他們太多時間。結果證實沒有任何異狀。我鬆了一口氣，但仍心有餘悸。我走到戶外的人行道，和警官交談，其中一位問道：「姊妹共創社究竟做哪種生意？」

他前一刻才地毯式搜查我的辦公室，一一檢查服飾、手提包、快遞紙箱、辦公桌，所以這問題問得奇怪。「我們販賣你剛看到的所有東西，由開發中國家婦女團體生產的公平貿易商品，包括首飾和成衣。」我答道。

「喔，我有看到。」他說道：「我以為妳們進口烏克蘭新娘或外籍女友之類的。」他半開玩笑地說。我向他保證我們只賣女用皮包而非女人，我們堅決反對色情走私。警察離開後，格雷說他高度懷疑緊急電話根本是幌子，警方可能對公司名字起疑，因此找藉口調查我們。

有時很難判斷突發事件究竟是轉機還是危機。由於姊妹共創社商品在全食超市的銷售成績不俗，艾莉森和娜塔莎安排我和全食超市總公司的凱西．歐格貝（Kathy Oglebay）見面，一起用晚餐。凱西和我約在博爾多的杜尚別茶屋（Dushanbe Tea House）一起用餐。十一月的晚上天寒風冷，我和珍妮開車到博爾多，到了餐廳看到凱西、艾莉森、娜塔莎，以及全食超市另一名採購員溫蒂已就座。和大家寒暄一番後，艾莉森提及當初認識姊妹共創社的經過，並向凱西報告姊妹共創社過去七個月來在全食超市的銷售成績。

「我們已擁有一個公平貿易品牌善心世界（World of Good）。」凱西斷然表示，並換了話題。

我彷彿肚子被人狠狠揍了一拳。大家在此聚會，她卻不考慮在另一家全食分店販賣姊妹共創社的商品？我想起首次聽到善心世界的情形。二〇〇四年，永續資源大會（Sustainable Resources Conference）在科羅拉多大學博爾多分校登場，我負責其中一個攤位。一位女子向我提到她有位朋友住在加州柏克萊，名叫普莉亞．哈吉（Priya Haji），她的想法與訴求和我類似，希望能和世界許多公平貿易團體合作，而非侷限於一個團體。二〇〇三年，姊妹共創社成立之初，我認識不到五十個公平貿易企業。這些公司從開發中國家進口商品，多半和一個團體或一個國家合作，成立動機多半在創辦人到了那個國家旅行之後，擔任和平工作隊志工，或是傳教之故。就我所知，萬村會和SERRV是少數規模較大、合作對象遍及世界各地的公平貿易團體。和我一樣，普莉亞也希望能將公平貿易引進主流市場，她將弱勢藝工的成品變成新穎潮牌。她合作的對象包括男性和女性，創業時間比我晚了數年。除此之外，普莉亞並不是自掏腰包創業。她就讀柏克萊加州大學哈斯商學院（Haas School of Business）企管所期間，參加一個商業企劃比賽，成功出線並贏得一筆創業基金。她還在念研究所時曾寫電子郵件給我，希望了解我的事業。我非常樂意和大家分享姊妹共創社的理念，當時也沒想太多，直到善心世界品牌旗下商品如蒲公英般快速蔓延，我心中好強的一面抬頭，大聲抗議，但內心裡那個有佛心的社工也一再提醒我（用可愛小孩的語氣）：「人生就是如此。」

不只是禮物

商場也許講究競爭以及提高市佔率，但公平貿易是為了改善人民的生活。許多有商業頭腦的善心人仍不乏機會，當然也不乏在全食超市亮相的位置。

飯後我們又閒聊了一會。珍妮問我：「史黛西，妳不是帶了去印度和尼泊爾的照片嗎？」這句話成了扭轉局勢的關鍵。

「沒錯！」我喊道，設法在餐桌上挪出空間放我的蘋果筆電，然後打開相簿，謹慎地操控程式，以免打翻盤子或撞到凱西的飲料。

凱西看了照片非常感動。我快速翻閱照片，一邊分享合作團體的故事。過沒多久，凱西要求看我們的商品型錄，並詢問售價，最後請艾莉森再說一次姊妹共創社在全食的銷售額。再次受到幸運之神眷顧，我直截了當對她說：「我是善心世界的忠實粉絲。我認為應該提供有良心的公司更多空間，畢竟他們努力改善弱勢者的生活，幫助他們發聲和開發市場。全食超市不該劃地自限，只和一家公司合作。你們賣這麼多品牌的義大利麵佐醬、巧克力棒、優格等等，為何不讓公平貿易產品也多樣化呢？」凱西後來不但成為我最大客戶，也是全食超市裡最挺我的大將，我們後來也成了好友。

我以為事情不可能再更好了，但某個星期五又接到一通電話，這次來電者是唐娜・歐文斯（Donna Owens），她是巴爾的摩自由撰稿記者，《歐普拉雜誌》（*O, The Oprah Magazine*）指派她來訪問我。如果小女孩的夢想是和愛探險的朵拉（Dora the Explorer）及搖擺家族（the Wiggles）等人物見面，我想大女孩的夢想就是與歐普拉・溫芙蕾（Oprah Winfrey）見面，希望自己的事業能被她的雜誌報導。隨著姊妹共創社一步步成長，我的朋友會說：「妳應該上歐普拉的節目！」或說：「我已經寫電子郵件告訴歐普拉妳的善行。」我總是微笑點頭，心中明白，歐普拉注意到我這種迷你公司的機會，有如受邀和英國女王共喝下午茶一樣渺茫，簡直是天方夜譚。因此，雖然不能親眼見到電視脫口秀女王歐普拉（或英國女王）並向她們問好，這通電話依然讓我雀躍。唐娜熱情、能言善道、訪談技巧一流，我幾乎分不出她何時在訪談，何時又像久未連絡的老友般敘舊。她在二〇〇七年五月出刊的《歐普拉雜誌》上寫了一篇兩百五十字的報導，標題是〈更大的善行〉（The Greater Goods）。該文發揮奇效，讓位於利特爾頓王子街五五三三號的辦公室彷若被捲入氣旋，有應接不暇的活動。

那期的《歐普拉雜誌》四月中旬上架後，我幾乎跟不上生活的步調。員工、家人、朋友、朋友十多歲的女兒，全被動員到辦公室幫忙。領包裹、打包、接電話、回覆電子郵件、載運一車車的包裹到UPS快遞給顧客。其他商家的來電詢問讓我應付不過來，因此我立刻網羅本區精明能幹的艾莉森・伊凡斯（Alison Evans，曾是學校家長會會長），擔任我們批發通路的主任。在我們忙到人仰馬翻的那幾天，辦公室擠滿幫手，大夥摩肩接踵處理訂單和打包。瑪麗麥可突然大聲唱出她改編的一九七〇年代暢銷曲「噢噢噢，她是個奇蹟！你知道的嘛，從未懷疑奇蹟降臨！」接著所有人跟著哼唱，向歐普拉致意。由於報導附了產品照片，因此我影印該篇文章，寄給在越南的梅女士以及印度的薩特亞斯里女士。兩人也將當地藝工與那則報導的合照回寄給我。朋友羅賓在她家的地下室幫產品掌鏡，所以名字也出現在報導裡。

那年的五月四日星期五是我兒子達科塔的生日，我希望辦公室有充分人力處理訂單，好讓我趕在他放學回家前到店裡買蛋糕。今年我沒空自己動手做。拜《歐普拉雜誌》加持，訂單多到接不完，每天馬不停蹄打包出貨，後來大家決定不接電話，讓電話直接轉到語音信箱，直到一天工作結束再聽留言。下了班，我好不容易穿過堆積如山的紙箱走到辦公桌，打開免持聽筒擴音機聽取留言，一個低沉如廣播員的嗓音道：「妳好，我是大善公司（the GreaterGood Network）的提姆．昆寧（Tim Kunin）。我在《歐普拉雜誌》上看到有關妳的報導，我想買下妳的公司。」所有人莫不停下手邊工作。

「顯然他對我們一無所知！」我滿身大汗、光著腳丫，準備去買兒子的生日蛋糕。我笑笑，繼續將一箱箱貨物搬到車上。

提姆不屈不撓。星期一一早他又打了一次電話，這次是我接的。他說，一位員工的妻子在《歐普拉雜誌》上讀到我們的文章，標題〈更大的善行〉和他經營的大善公司同名。在這通冗長的電話裡，提姆不厭其煩介紹他的公司，解釋旗下訴求各異的網站，諸如點擊作慈善（Click to Give）、飢餓網（The Hunger Site）、乳癌網（The Breast Cancer Site）、雨林網（The Rain Forest Site）、讀寫網（The Literacy Site）、兒童健康網（The Child Health Site）、搶救動物網（The Animal Rescue site）等等。提姆表示，各網站每被點閱一次，大善就會捐款。此外，網站的商店每完成一筆交易，大善會再捐款給贊助的慈善機構。網站多層次的營運模式在四方面對社會造成深遠影響。首先，大善向許多公司拉廣告，請他們在大型點擊作慈善的首頁刊登廣告。網友隨時可進入網站，在網頁頂端的按鈕上點一下，看完廣告後，就能指定捐款匯給 thehungersite.com（提供援糧給饑民）、thebreastcancersite.com（贊助免費的乳房攝影）、theliteracysite.com（捐書給偏鄉）等等。廣告主支付權利金作慈善，只要有人點閱廣告，廣告主就捐款，善款悉數捐給大善合作的慈善團體。每月數百萬次的點擊累積相當可觀的善款，流入與大善合作的慈善團體，包括美慈組織（Mercy Corps）、餵飽美國（Feeding America）、閱讀之家（Room to Read）等等。人們輕鬆點擊就能改變世界，快速、簡單，又不花錢。

其次，點擊作慈善網站也提供網購平台。對動物保育、世界和平、雨林保護等議題有興趣的人，可以購買相關概念的產品。網站每賣出一件商品，大善就再捐款給和點擊作慈善合作的公益組織。

第三，為了增加可合作的非營利團體與行動專案，大善增設了不只是禮物（Gifts That Give More），讓點閱者和顧客購買支持特定訴求與行動的禮物。例如想送阿富汗女孩上學，可透過葛瑞格・摩頓森（Greg Mortenson，譯注：《三杯茶》作者）主持的中亞協會（Central Asia Institute）；想贊助行動診所，可透過海地的健康合作夥伴（Partners In Health，簡稱ＰＩＨ）。顧客的善款會全額直接匯入中亞協會或健康合作夥伴等團體。大善不收任何管理費，甚至捐出在不只是禮物網站刷卡的交易手續費。那一年，大善的基金會捐出近兩百萬美元給贊助的非營利組織。

第四，大善透過海外採購改變世界。提姆和他的團隊堅持向開發中國家的藝工購買公平貿易產品。大善網站販售各式各樣公平貿易以及看重利潤的商業性產品，但提姆還是較看重對社會有貢獻的商品。大善販售的公平貿易產品能對社會產生雙重影響。一，支持手工藝品的生產者；二，每賣出一件產品，大善就捐款作慈善。

「我可以建立品牌，專賣女性製作的公平貿易商品。」提姆說道：「但我喜歡姊妹共創社，我喜歡妳的善舉、產品和熱情。我想到科羅拉多州當面和妳談談。」

「提姆，我不打算放棄我的事業。」我直接但有禮地拒絕他。

「我並沒有要妳放棄事業，妳代表妳的事業。」提姆向我保證：「我想要和妳合作，為姊妹共創社注入更多資金，讓公司發揮最大潛力，幫助妳聲援的婦女。這樣吧，我飛到科羅拉多後再和妳細談？」

我告訴他，不想浪費他的時間，但他再三對我保證，他沒有任何預設立場。由於他拜託了兩次，所以我同意和他見面。提姆說他那個月要去衣索比亞，但會再和我連絡，敲定見面日期。大半個月過去，未接到任何回音，我心想他大概改變初衷，一切又回到原點。

五月的最後一周，我聽到電話彼端傳來類似廣播員的聲音。「史黛西，我是提姆，我回國了，明天會去拜訪妳。」提姆說道。

一切來得太快，太突然！我們手忙腳亂地整理辦公室（兼作倉庫），讓辦公室看起來很「專業」，迎接明天的訪客。

提姆從西雅圖翩然而至，旋風式拜訪姊妹共創社一天，然後又匆匆離開。接機時，我不確定他的長相，不曉得會不會認錯人，但一看見頭戴印有飢餓網商標棒球帽的男子，立刻認定就是他。我本來以為他是精明的生意人，來這裡是為了拉攏我，但提姆穿著一件褪色的黑色休閒褲，搭配泛黃的白色馬球衫，我心想他在衣索比亞是不是每天都穿這件，因此衣服又皺又髒。他臉上留著黑色卷鬍，一頭黑色亂髮塞在破舊帽子裡。提姆二〇〇一年買下破產倒閉的犬善公司，自此成為這家總部設於西雅圖公司的老闆。一九九九年，他自己成立營利事業慈善在美國（Charity USA），和許多慈善機構合作。慈善在美國是網路加盟行銷網站，和許多大公司結盟，只要在結盟公司的網站上購物，慈善在美國就捐錢給慈善機構。若消費者想藉線上購物對社會發揮影響力，可以先登入慈善在美國的網站，在合作店家表單裡找到心儀商家後，點選進入該店的網站開始購物。每一筆購物都會被追蹤，商家再透過慈善在美國捐錢給慈善機構。慈善在美國也賣廣告賺錢。一九九〇年代末，大善採類似營運模式，但創業資金由創投公司資助約兩千萬美元。相較之下，提姆靠自己的存款與父親的小額贊助成立慈善在美國。受到網際網路泡沫拖累，大善彷彿口袋燒了個洞，花錢如流水，最後宣布破產。提姆和友人克雷．海斯特堡（Greg Hesterberg）把握機會買下大善，和慈善在美國合併。大善的員工多於慈善在美國，兩人決定將公司總部留在西雅圖。數年來，提姆只要沒飛到海外拜訪合作藝工，仍得東西奔波，往返於波士頓住家和西雅圖公司之間。

兩人初見，提姆又握手又擁抱，然後開始一整天忙碌的行程。我帶他參觀姊妹共創社的商品、了解合作的藝工、閱讀新聞剪報，和區區幾名員工共進午餐，然後前往全食超市，視察上架的商品。最後兩人坐下來交換意見，他努力說服我和他結親。有間倉庫囤放貨品，著實讓我心動。這麼一來，一箱箱的衣服可搬到倉庫，淨空車庫讓布萊德停車。再者，每賣出一樣東西，我們就能捐款給慈善機構，同時讓顧客透過「不只是禮物」，捐款給我們合作的婦女團體。

提姆和我都熱衷於透過買賣作善事。他和我一樣，了解生意是是利器，能提供開發中國家弱勢藝工就業機會，賺到穩定又合理的薪資。我們也相信，營利事業能和非營利組織相輔相成。非營利組織能提供營利公司無法提供的服務，但營利事業是行銷商品，協助窮人脫貧的最佳管道。營利事業提供就業機會，非營利組織提供醫療保健、乾淨飲水、女權、社區再造等等，兩者相輔相成，是最完美的拍檔。姊妹共創社將部分營收回饋給合作的慈善團體女人幫女人國際友會（Women for Women International），贊助該組織為戰亂國婦女提供各項公益服務。我們開發市場，提供窮人賺錢機會，並捐款給慈善機構，讓慈善機構用這筆捐款資助各項服務。和非營利組織結盟，加倍我們對社會的影響力。大善的支持與各項專案讓我們如虎添翼，更接近目標。

我樂於提供全球婦女賺錢機會，但也樂見自己的付出得到實質報酬。我熱愛這份工作，但五年來忙東忙西卻領不到薪水，還要自掏腰包支付各種帳單，讓我有些吃不消。我將賺到的每一分錢都用於公司與購買產品，希望姊妹共創社能持續穩定地成長。提姆的合併建議不僅付我薪水，也替我支付員工薪水，但我不願放棄決定合作對象以及採購項目的支配權。

提姆和我一致認為，姊妹共創社成長潛力驚人，這可從我們和全食超市的合作關係、協助女性的強烈使命、受到媒體密切關注等等，看出端倪。我傍晚開車載提姆回機場的路上，他滔滔不絕談到未來各種可能性，突然久久聽不到聲音，原來他垂著頭睡著了。我不覺得他失禮，反而感到欣慰，心想他當著我的面，向時差造成的瞌睡蟲低頭，顯示他對我非常放心。

當天我並未接受提姆的提議，但我同意到西雅圖拜訪他，進一步了解大善以及他對我的期望。幾周後我飛到西雅圖，親見大善的規模與作業，既佩服又驚訝。大善擁有約六十名員工，負責產品裝箱打包、撰寫文案、採購、科技作業、會計、攝影、美編等等，大家有志一同，全力以赴於讓世界更好的社會使命。他們熱情地歡迎我，似乎和我一樣，樂於幫助貧窮女性。提姆答應我，雙方合作後，除了增加預算、減少打包作業，利特爾頓辦公室一切如常。我的員工可續任，但薪水更高。我繼續擔任姊妹共創社的總裁，負責所有決策，公司幫助婦女脫貧的使命也維持原狀。夏天結束前，姊妹共創社成為大善旗下最新生力軍。

哎呀呀，公平貿易

「流行來來去去，只有風格永不朽。」

——可可・香奈兒（Coco Chanel，時尚品牌香奈兒創辦人）

亞曼尼年輕休閒副牌提供我們更完整的三圍尺碼圖，我們也剛和母公司大善合併，由後者負責挹注資金。有了這兩大後盾，我開始向廣大顧客群證明（多謝歐普拉助陣），公平貿易一直未褪流行。二〇〇七年，我們與大善公司合併，同一年，我愛不釋手的服飾品牌蓋普傳出剝削印度童工而上報。英國《觀察家報》（*The Observer*）率先披露此新聞，稱蓋普非法雇用童工，有的最小才十歲，他們每天超時工作十六小時，幫蓋普的服飾刺繡，卻拿不到薪水。

《觀察家報》引述一名童工的話：「比哈邦老家的父母把我賣給外地人，他們帶我離開村落，搭乘火車來到新德里……那些人在車尾裝了擴音器到村裡招兵買工，他們對我父母說，只要把我送到新德里打工賺錢，他們就不必再辛苦下田。他們付了一筆錢給父親，接著我就和其他四十個小孩一起被帶到這裡。」另一名男童向記者透露，任何人只要哭鬧，就會慘遭橡皮管毒打，或是被硬塞一塊油布在嘴巴裡。消息曝光後，蓋普的北美區業務總裁馬卡・韓森（Marka Hansen）立即出面澄清，稱這全是承包商外包的一家惡劣代工廠所為，蓋普並不知情，並立刻與這家有問題的代工廠終止合作關係，同時將有問題的商品全面下架。不過這段插曲足以讓美國消費者震驚地意識到，童工問題全球化的程度，就連美國最受歡迎的品牌之一也淪陷。

身為母親，同時也是蓋普的愛用者，我得確認身上衣衫絕未危害或剝削兒童，畢竟這些小孩就跟我的小孩一樣，只不過我的小孩長在美國，而他們生在窮國罷了。真正的穿衣風格是忠於自己的信念與價值觀。儘管有人主張，女人會為了時尚不惜犧牲一切，但我認為，女人不至於為了一條好看的牛仔褲而棄自己的道德感不顧。蓋普也明白這個道理，因此貫徹一套嚴格的代工廠行為準則，並雇用九十名督察，巡視世界各地的代工廠，確保工廠恪遵零童工的政策。換言之，蓋普不容供應鏈雇用童工，但是不當對待勞工而登上頭條新聞的大企業不只蓋普一家，這些公司陸續被媒體揭發的不當行為包括強迫勞動、人口走私、雇用童工等等。被揭發的大企業跟蓋普一樣，多數是發包給外國工廠代為生產成衣，但大企業責無旁貸，必須確認這些替他們縫製成衣的勞工是受雇關係的真正受惠人。說穿了，人工作不外乎為了私慾與錢財，成衣業必須給員工合理的待遇，才能滿足這個條件。若大家認為，童工與勞工不容剝削，就必須深究衣服背後勞動行為的來龍去脈。

由於消費者愈來愈關注血汗工廠與童工問題，姊妹共創社以及其他公平貿易品牌趁著這絕佳契機，順勢提供消費者符合公平交易精神的有機成衣，這類成衣一如其名，通稱「淨衫」（clean clothes）。淨衫運動始於一九八九年的歐洲，宗旨是教育並動員消費者重視成衣業的勞工權利。符合淨衫的條件包括業者沒有剝削勞工、貫徹公平的勞動實務、提供安全的工作環境、給予勞工合理的報酬等等。

蝴蝶效應

歐洲不僅是推動公平貿易成衣（淨衫）的先驅，也致力推廣其他公平貿易商品進入主流市場。但直到美國萬村會成立二十年後，歐洲的公平貿易運動才正式生根。在美國，是由非政府組織SERRV開始這股風潮。一九四二年成立於英國的樂施會（Oxfam）是歐洲第一個另類交易組織，一九六五年樂施會擴大手工藝品買賣項目，並推出「賣東西助人」運動，英國各地的樂施會店面陳列著國外進口的手工藝飾品，同時出版郵購目錄刺激買氣。一九六九年，世界商店（Worldshop）在荷蘭開張營運，由義工擔任各地連鎖店的職員。近年來，鼓吹公平貿易的運動將觸角伸至歐盟的政治網。二〇〇〇年左右，歐洲各地的公家機構以身作則，購買以及供應有公平貿易認證的咖啡與茶葉。二〇〇六年，歐洲議會無異議通過決議，支持在全歐進一步推廣公平貿易。歐洲一步步擁抱公平貿易運動，所以獲悉年度歐洲公平貿易會展即將上路，由法國擔任第一屆主辦國，我絲毫不覺得意外。

在朋友莎麗慫恿之下，我參加了在里昂舉辦的第一屆公平貿易會展。莎麗是我創辦姊妹共創社後跨國合作的第一批女性之一。這次的公平貿易展，她有一個自己的攤位，展示她經手的公平貿易商品。莎麗的全名是娜旺莎麗・賽托瓦提（Nawangsari Setyowati），是印尼公平貿易企業夜來香（Arum Dalu）的創辦人。印尼的手工藝事業非常發達，莎麗在一九九〇年代初期創立公平貿易公司，希望改善國內的工作環境，並提升女性藝匠的環保意識。莎麗的故鄉峇里島和鄰近的龍目島、爪哇島，居民的主要收入來源是製作手工藝品。由於大城人口過剩，加上森林濫砍嚴重，印尼資源供不應求，恐有耗損殆盡之虞，莎麗遂積極教育民眾，灌輸他們環保意識，希望他們能兼顧環境保護與手工藝事業。莎麗認為，直接與窮苦的藝工合作，協助她們賺錢維生，同時保護在地資源永不枯竭，才是讓她家鄉改頭換面的唯一辦法。與莎麗合作的一群女藝工聰慧多謀又極具創意，出自她們巧手的藝品成了姊妹共創社顧客的最愛。

母親再次與我同行，這次我還帶了女兒凱莉安，三人一起出發前往法國。在巴黎，我們展開了時尚搜奇之旅。一月，巴黎主辦了多場時尚貿易展，包括流行成衣展（Prêt-à-Porter Paris）、家具家飾展（Maison & Objet）等等。我們的法國行將由參觀這類貿易展揭開序幕，希望從中掌握最新流行趨勢，讓旗下合作婦女能善用這些元素於手縫成衣與手製飾品裡。在巴黎接受高感設計的洗禮後，我們母女三人接著進軍里昂，參觀公平貿易會展。

儘管天寒地凍，但巴黎街頭熱鬧滾滾。我們下榻的大學校酒店（the Hôtel des Grandes Ecoles）比鄰著名的穆浮塔街（Rue Mouffetard），巴黎拉丁區最具代表性的傳統市場就位於這條街上。粉色牆壁，黑色法式金屬屋頂，彷若法國知名童書女主角梅德琳的家，只缺了照顧她的克萊薇爾修女。旅館有個開放式庭園，庭園正後方有間小學，孩童在庭園嬉戲的聲音清楚可聞。每天清晨，穆浮塔街兩旁攤商林立，販賣琳琅滿目的生鮮商品。鮮花為冬日的冷冽空氣增添繽紛。乳酪、魚肉、蔬菜等攤商，和一箱箱的葡萄酒、香脆的法國長棍麵包、令人垂涎的糕點交錯混合。午後，露天咖啡座登場，生意興隆座無虛席，到處是品嚐義式濃縮咖啡的客人，他們身穿黑色羊毛大衣，搭配五顏六色的圍巾。巴黎上班族多半步行或搭乘地鐵通勤，沿路風景目不暇給，有風格獨特的街區、宏偉的大教堂、歷史古蹟等等，走在路上彷彿參觀博物館，而非一成不變地趕路。就連地鐵站也美不勝收，呈現古色古香的壁磚、鑲著金框的廣告看板等等。空氣裡瀰漫烘焙的香氣，幾乎走到哪都聞得到。

巴黎國際成衣展匯集來自全球的流行女裝與配飾。成衣展在巴黎凡爾賽門展覽中心登場，主題展之一是綠色環保區（So Ethic），專為肩負社會責任與環保使命的業者成立的展區。這個成衣展的規模在國際數一數二，參觀展場前面幾排走道時，感覺類似印度的諾伊達展館，原來曾在諾伊達參展的商家也來巴黎國際成衣展共襄盛舉。我走馬看花，匆匆穿過大批中國配飾製造商的攤位以及法國小而美精品區，然後抵達綠色環保區。參展商家多半是法國公司，商品出自有機材質或回收商品。其他品牌則過於高檔，價格也高不可攀。我沒打算在這次成衣展找到合作的新對象，而是趁這次盛會收集新的趨勢與創意，供我們姊妹淘藝工參考。沒想到一件刺繡長裙吸引了我，讓我目不轉睛。

在綠色環保區最後一排有個陽春攤位，展示一系列天然染服飾，每件衣服都有手工刺繡與拓印。淡柔的顏色與一流的針線工讓我愛不釋手。攤位的主人潔瑪原本坐著，看起來有些提不起勁，見我光顧，精神奕奕站起來招呼我：「我們所有商品都是有機棉搭配天然植物染料，是來自尼泊爾的公平貿易商品。刺繡由加德滿都谷婦女在家裡一針一線縫製而成。」這下我有興趣了。

這家攤位的成衣只用天然植物染色的布料縫製，染劑由尼泊爾原生植物的樹皮、樹根與枝葉提煉而成。咯笑（Giggle）創立的宗旨是協助當地手工藝業者在全球尋找市場，藉此改善他們的生活；此外也保護當地的環境，所以業者只能使用獲認證的有機棉與百分之百天然染劑。天然染劑是尼泊爾成衣業的一大轉變，也對尼泊爾的生態具有重要意義。人工合成染劑廢水是尼泊爾河川最大的化學汙染源，讓河水不再像以前一樣乾淨清澈，大量的汙染物與金屬順著數千英里長的印度河川與支流流到下游，印度數百萬人恐有賠上健康之虞。潔瑪創立的品牌標榜有機棉、天然染劑之外，也巧思安排婦女在家刺繡，讓她們既可兼顧工作又可照顧小孩，因此她的品牌和姊妹共創社是絕佳拍檔。

咯笑援助多位婦女，其中一位是莎拉史沃提．馬哈姜（Saraswoti Maharjan），她已婚育有兩子。和許多住在偏鄉的尼泊爾人一樣，莎拉史沃提與丈夫因為找不到工作，被迫移居都市。夫妻倆在加德滿都開計程車，但僅靠這份收入難以維持家計，因此莎拉史沃提開始在家為咯笑刺繡與編織，貼補家用，同時照顧小孩，更可發揮編織與刺繡的精湛手藝。有了這份額外收入，她的兩個小孩得以正常上學，也不愁吃穿。在此之前，她和丈夫因無力負擔小孩的學費，無法讓小孩上學受教。這是許多離鄉背井到都市打拚的尼泊爾家庭都有的壓力，所幸莎拉史沃提的收入減輕了家庭經濟負擔。我喜歡莎拉史沃提的故事，因為她的困境反映世上許多女性的處境，甚至包括我在內。家中有幼兒的母親，經常在育兒與出外工作貼補家用之間游移。我希望姊妹共創社的客戶有機會支持莎拉史沃提以及她合作的婦女，所以我與潔瑪結盟，負責進口咯笑若干商品，尤其是可協助尼泊爾女工匠的特定商品（畢竟咯笑也和男裁縫、男染印工合作）。

參觀國際成衣展的隔天，我奔赴巴黎另一端，參觀在北維勒班（Nord Villepinte）展館登場的家具家飾展，結果挖到更多寶。展場裡處處可見「養眼」商品。賣場之大，彷彿看不到盡頭，中間核心區展出讓人驚艷的高檔家具與家飾，會場四周則是手工藝品的天下。每個參觀者都盛裝赴會，蹬高跟鞋、穿著量身訂做的褲裝或名牌洋裝、搭配完美飾品，有如伸展台上的模特兒。

靠近展場後端的一個小攤位，我發現一些樣式簡單的金藍雙色草編格紋托特包，每一個包款都是剛果人親手編製，再委託他人攜帶出國。我當時沒聽聞過誰買賣剛果產品。剛果人民正承受著非洲歷來最殘暴戰火的荼毒，該國女性亟需外界支持與協助，但他們的苦難鮮少受到世人關注。一九九八年以來，逾五百四十萬人死於剛果內戰，其中半數是五歲以下的孩童。凌虐與集體性侵每天真實發生在剛果婦女身上，國際社會卻袖手旁觀。

所幸幾位女將挺身而出，包括：女人幫女人國際友會的創辦人賽娜・撒比（Zainab Salbi）、華裔美籍記者凌志慧、為剛果女性而跑的發起人麗莎・珊濃（Lisa Shannon）等等。他們為剛果女性發聲，讓媒體關注剛果女性的際遇。儘管全球強權為剛果所做的努力少之又少也緩不濟急，不過賽娜等人的努力倒是引起愈來愈多女性共鳴，決定挺身加入他們的行列，支持遠方的姊妹。女性可透過女人幫女人國際友會認養剛果的姊妹，連續一年每個月只要贊助二十七美元，就能為剛果的姊妹提供經濟支援，同時為她們開設爭權益與精進領導力的培訓課程。不過剛果姊妹得到最多的乃是友誼。女人幫女人國際友會鼓勵認養人勤於與剛果姊妹通信，藉由文字替她們加油打氣，點燃她們的希望。國外女性也參加馬拉松路跑。我不是馬拉松跑者，但每年仍參加一次為剛果女性而跑的活動，表達和剛果女性同舟共濟的本意，順便替這個活動募款，同時也體會剛果姊妹跑步時內心的煎熬，畢竟她們太常是為了保命而奔跑。麗莎・珊濃看了凌志慧對剛果女性的報導，也在歐普拉的電視節目上看到賽娜為剛果姊妹所做的諸多努力，她深受感動，決定發起為剛果女性而跑的活動。賽娜開了一個部落格，貼切地取名蝴蝶效應，稱：「蝴蝶效應是個隱喻，形容像蝴蝶振動翅膀這樣看似微不足道的變化，卻可能造成巨大、出乎意料的後果。」所以一個手提包或許不足以改善剛果慘不忍睹的統計數據，但手提包帶來的收入至少可滿足她們每日所需。我買下該攤位的手提包，冠上剛果萬用托特編織包（Congo Woven Carry-All）時髦的名稱，並將其捧為我們主打的新品之一。每賣出一個手提包，等於給客人一個機會，幫助剛果婦女爭取經濟獨立，也讓剛果婦女感受到外界的關心與支持。

我另外還買了一件創意環保商品，這件吸引我的巴黎製園藝圍裙出自巴黎設計師伊莎貝爾・黛絲（Isabelle Teste）的構思，但出力者是安德爾羅亞爾協會（Indre-et-Loire）的成員。該協會位於法國昂斯尼，主要協助法國無家可歸的赤貧女或接近貧窮線邊緣的近貧女，讓這些婦女培養一技之長，過著衣食無缺的生活。姊妹共創社在美國也贊助類似的計畫，諸如奮進廚房與婦女豆豆計畫等等。此外，安德爾羅亞爾協會也致力於永續發展，以實際行動力阻塑膠袋用過即丟的惡習，因此女性專用的園藝配件都是將盛裝盆栽土的塑膠袋回收後再製的環保產品，這招不僅高明地將園藝垃圾賦予新生命，也為弱勢婦女開啟希望之窗。

我每天固定時間打電話回家向布萊德、艾莉、達科塔報平安，順便和他們分享在巴黎的趣事。原本最不放心艾莉，但她似乎樂得獨享奶奶布蘭達對她的疼寵，不用和姊姊分享。布萊德提醒我：「別買太多東西。」我這才想到，儘管六個月前姊妹共創社已和大善公司合併，但家裡的車庫仍堆滿約一整個貨櫃的商品。雖然布萊德一向支持我的事業，但他樂見大善的老闆分擔姊妹共創社事業對他造成的若干不便，堆積如山的存貨就是其一。近四年來，他的車未曾停進車庫一次。每位來訪的客人一進我家，就看到餐桌上堆滿產品、標籤、絲帶，裝了最新型錄的箱子等等。位於屋外的姊妹共創社辦公室，空間似乎永遠不夠用。大善公司在華盛頓州肯頓市的倉庫卻約有一八二六坪，根據雙方合作計畫，姊妹共創社的零售存貨將移往肯頓的倉庫，批發存貨則放在科羅拉多州的李特頓。不過搬遷作業得等到姊妹共創社的網站移師到大善的網路平台後才能進行。現在適逢假日，又碰上新年購物季，不得不把預定的搬遷時程順延到三、四月。

我向丈夫保證：「今後合作對象完成我下單的商品後，商品將從西雅圖配送到零售通路。」布萊德嘆了口氣，明白他還得再熬一個冬天，每早努力刮除汽車擋風玻璃上的積雪。我訂購的服飾與手提包則繼續霸佔他的車庫，不用擔心風吹雪淋。

來自印尼的莎麗

雖然與大善的合併進度比預期慢，但也提供我們和非營利專案進一步合作的機會，這些我們支持贊助的專案以幫助婦女為主，其中又以「Camfed」〔全名是非洲女性教育運動（the Campaign for Female Education）〕最為重要。Camfed成立於一九九三年，創辦人是安．卡頓（Ann Cotton）。在此之前，她曾造訪辛巴威，探究非洲偏鄉女性無法上學的原因。外界普遍認為，辛國的父母禁止女孩上學可能是文化使然，但安發現，貧窮才是阻斷女孩就學的障礙。非洲以及落後國家的偏鄉家庭，無力負擔家裡所有孩子上學後課本、制服、文具等相關支出，只好把微薄的教育預算花在兒子身上，畢竟兒子畢業後，受雇的機率高於女兒。這現象不僅限於辛巴威，在撒哈拉以南的非洲國家，逾兩千四百萬女孩無法上學。將有限的家庭資金投資在女孩身上無異是賠本生意。自辛巴威返國後，安決定協助非洲女孩就學。她明白花小錢投資於女孩的教育，足以拉抬整個社區的經濟產能。提供女孩學習機會，繼而讓她們成為家中經濟的貢獻者，到時她們的家庭、左鄰右舍，甚至整個村落都可以跟著受惠。

跟姊妹共創社一樣，Camfed的起步非常具有草根性。安親手烘焙糕點，義賣給親友，一來募款，二來希望大家關注非洲女孩無緣受教的問題。一開始，安協助的對象是辛巴威女孩，後來不斷壯大，成為世界級的救助計畫，協助對象涵蓋了辛巴威、尚比亞、坦尚尼亞、迦納與馬拉威等偏鄉地區，受教的貧困女孩超過百萬。非洲女孩有權受教，這麼一個簡單的想法足以扭轉他人的人生，安．卡頓就是一個活生生的證明。我很榮幸可以贊助Camfed的善舉，提供已完成學業的非洲女孩創業資金，讓她們可以在自家附近做些生意。大善公司對合作的非營利夥伴承諾，網站上每賣出一件商品，公司就捐款給慈善機構。姊妹共創社有幸可以和自己中意的非營利組織或計畫結盟，捐出部分營業額支持他們，其中Camfed和我們一拍即合。姊妹共創社成立目的就是改善貧困女性的生活，因此我很清楚，捐款讓女孩受教，等她們長大再金援她們做些小生意，發揮的效益之大，非其他所能比。每採購一件商品，姊妹共創社就捐出一美元，希望累計到一百美元的微型創業補助款（microgrant），資助有心創業的年輕女性。

微型貸款（microloan）需要還款，但微型創業補助款則否，我們希望這筆創業資本投資能協助年輕女性，讓她們踏出第一步。女性獲得這筆種子資金並成功創業後，日後將輪到她們捐出部分收益充作Camfed的微型創業補助款，讓後人繼續受惠。女性彼此發揮相輔相成、同舟共濟的團結力量，正是Camfed成功的關鍵。這些女性靠著顧客購物累積的創業補助款，創業做些小生意，不僅嘉惠自己，也因為生意愈做愈好，增加了收入並創造就業機會，連帶家人甚至整個社區都跟著受惠。我經常提醒布萊德，犧牲了車庫卻嘉惠了各地女性。現在車庫雖然被我的商品霸佔，但這些存貨提供了非洲女性微型創業補助款。身為花旗集團投資銀行家的布萊德坦承，這些女孩是穩賺不賠的投資標的。

早上，母親、凱莉安和我匆忙趕到巴黎北站搭乘高鐵，火車一路穿過法國鄉間，前往工業城里昂。列車相當新穎先進，路程也不遠，理應很快就可到達里昂，不過這趟火車行卻讓我們心事重重。兩位韓國男子坐在凱莉安和我的對面，他們帶了一大堆奇奇怪怪的肉製零食；母親坐在我的右側，她對面有三個乘客，其中兩女是一對姊妹，年紀比母親大，另外一男是其中一位姊妹的丈夫。火車出發十分鐘後，這家人接到一通電話，兩姊妹忍不住落淚，連帶影響周遭人心情。因為我們只會英文，兩個韓國人只會說韓語，這家人又只懂法語，所以我們無法掌握實際狀況。那位先生費了好大勁向母親解釋，他另外一個小姨子心臟出了點意外。推敲了一番，我們才明白原來他的小姨子因為心臟病發過世。接下來的車程，我多半看著窗外一望無際的田野以及點綴其間的小農舍打發時間。但聽到那對姊妹陣陣的啜泣聲，還是忍不住難過，同時慶幸母親與女兒在身邊，一起經歷這趟奇遇。

里昂比巴黎冷，我們三人到了下榻旅館，完成住宿登記後，我跳上里昂輕軌電車，前往主辦第一屆歐洲公平貿易會展的大學。大學校舍是一棟棟灰色水泥建築，看起來不像大學，反倒像監獄，和巴黎的美麗建築形成強烈對比，但走進室內，氣氛截然不同。學生在入口擔任接待，協助訪客登記，然後發放名牌，名牌上寫著參觀者的姓名與所屬機構。今年的會展提供了多場演講與座談會，但我直接前往展場尋找莎麗。參展攤位數量之多，讓我印象深刻。多數攤位由歐洲公平貿易公司承租，他們和姊妹共創社一樣，從開發中國家進口商品。此外，會場也展出可觀的公平貿易農作物，如咖啡等。再者，展場中有不少來自大會歸類為環南（global south）地區的手工藝匠與團體。

我參觀了幾個我聽過的公平貿易團體，包括印度的自雇婦女協會（ＳＥＷＡ）、獻花（Push-panjali）；來自尼泊爾的馬哈格席（Mahaguthi）；巴勒斯坦的聖地手工藝合作社（Holy Land of

Handicraft Cooperative Society）；玻利維亞的創意行動（Acción Creadora）。最後來到莎麗的攤位。兩人一見面，一眼就認出對方。莎麗嬌小美麗，皮膚完美無瑕，黑色長髮高盤在頭上，滿臉笑容照亮整個攤位。她像隻蝴蝶，忙碌地在自己攤位來回穿梭，整理剛剛才送到的展品。這些展品從印尼運往法國途中掉了，幾分鐘之前才送達會場，莎麗忙著將展品從箱子裡拿出來擺放。一走進她的攤位，還來不及表明身分，莎麗立刻放下手邊工作，給我一個擁抱：「史黛西，真高興我們終於見面了。」莎麗把我從頭到腳打量了一下，說道：「我的朋友，真是太好了！」

莎麗一直是印尼婦女的最佳夥伴。她曾幫助印尼波尼村（Bone）一務農家庭的女子伊布·谷茲·阿育·尤維塔（Ibu Gusti Ayu Juwita）。伊布阿育會利用香蘭葉編織簡單的紀念品，再賣給下榻附近海灘旅館的觀光客，開始自己的小本事業。只要觀光客傍晚到沙灘欣賞峇里島著名的凱卡克猴舞與火舞（Kecak and Fire），她就向觀光客兜售她的手藝品，為家裡掙些外快。在峇里島，婦女花很多時間製作各種傳統祭典所需的祭品與供品。伊布阿育利用住家附近與農地撿來的天然纖維，在家裡編製迷你峇里娃娃、裝飾用籃子、草編小錢包等等。既不用花她一毛錢，還可以在家裡完成所有工作。

沙灘生意小有成就後，伊布阿育心想何不每天在自家門前擺攤，展示自己的手藝品，於是開始第一家店面，也讓她有幸認識莎麗這個伯樂。莎麗一開始向伊布阿育購買簡單的小草籃，用來包裝自己合作社生產的銀飾品。兩人合作十年後，莎麗協助伊布阿育擴張事業，將原本一人公司擴張成雇用二十名全職婦女的小企業，若接到大訂單，會另外雇用村裡一百至一百二十人兼差，按件計酬。這份工作成了當地許多家庭重要收入來源，也為畢業後卻找不到工作的女孩提供就業機會。全職員工支領日薪，工資高於當地最低薪資。在家兼差婦女則是按件計酬，完成指定商品後向伊布阿育支領薪水。多虧莎麗與伊布阿育，否則她們接不到工作。

莎麗繼續在失而復得的紙箱裡翻箱倒櫃，我也跟著挖寶，和她一起討論裙子、提包的設計與圖案。參加這次公平貿易展讓我獲益匪淺，進一步認識公平貿易運動在歐洲的發展，以及非洲有機棉業的現況。我一心想拓展目前的服飾事業，誠心希望把非洲女裁縫生產的有機棉服飾納入旗下，成為姊妹共創社的新產品線。和其他地區相比，非洲對貿易的需求有過之而無不及。但參加歐洲公平貿易展的有機棉農只賣生棉花，不賣有機棉布，更別提有機棉衫。我的下一步是找到非洲有機棉布供應商以及非洲女裁縫，請她們將棉布裁成新衫。

參加這次公平貿易展不僅讓我掌握最新趨勢，也找到另外三個可合作的女子團體，分別是剛果的草編手提包團體、尼泊爾的刺繡女匠、法國無家可歸的圍裙女裁縫。我過得既富足又安全，相形之下，她們的處境又窮又苦。我認為時尚與公平貿易可以攜手並行，協助婦女擺脫貧窮。無論是美國、法國，或任何其他國家的女性消費者，都應該努力為世上女性爭取公平合理待遇，讓協助其他女性成為個人風格的一大特色。每個女人都能發揮蝴蝶效應，藉由購買力幫助婦女脫貧。只要我們發揮集體力量，合力振動自己小小的翅膀，世界會感受到這股洶湧風潮。現在就從購買淨衫開始第一步吧！

拉帕瑪的主教肖像

「我們的生活、工作、行為將留下回憶，由他人延續下去。」

——羅莎・帕克斯（Rosa Parks，美國民權運動先驅）

從我們抵達科馬拉帕（Comalapa）國際機場，進入第一家紀念品商店開始，他似乎一直盯著我們。他是位神父，有黑色的頭髮，戴著眼鏡，身穿白領黑色教士襯衫，無論我們走到哪裡，都看得到他。沒多久便了解，這位神父是當地名人，只是我和瑪麗麥可飛抵薩爾瓦多之前，對薩國相當陌生，也沒做太多研究，所以不知道他是誰。雖然我們花了數周規劃瓜地馬拉的行程，但臨時才接獲通知要多加薩國一站。此行贊助單位是美國國際開發署（USAID）以及手工藝援助協會薩爾瓦多分會（ATA）。瑪麗麥可對這趟旅程雀躍不已，也有些緊張，畢竟這是她九歲之後第一次出國，也是第一次親自拜會遠在海外的合作姊妹。兩人規劃瓜地馬拉之行時，ATA

洛杉磯辦公室的羅莉．格雷（Lori Grey）打電話給我，希望我能考慮添購薩爾瓦多一些新品。言談間，她得知瑪麗麥可和我計畫數周後拜訪中美洲，堅持要我們順道拜訪薩爾瓦多。她不斷用薩爾瓦多新品誘惑我，知道我一定會上鉤。

「最近ATA援助一個合作對象開發新產品，用回收輪胎製作手提包，妳一定會愛不釋手。」羅莉使計誘惑我：「我知道妳一直對回收材質再製品非常有興趣。」

她說的沒錯，我的好奇心與興頭立刻被挑起。「是女性做的嗎？」一如以往，添購新品時一定會追問的問題。

羅莉回答：「是！由一位女子包辦設計，她之前開過一家手提包工廠，現在與一小群手工藝婦女合作。」我馬上答應她的提議，決定拜訪薩爾瓦多。幸好瑪麗麥可已習慣我先斬後奏的行事風格。

拉帕瑪風格

ATA是全球備受推崇、最受信賴的公益組織之一，成立宗旨是提供全球手工藝人士經濟發展機會。該協會創立於一九七六年，角色是扮演橋樑，協助藝匠打入更多的市場，協助顧客接觸具文化特色與文創的產品。ATA提供全球低收入手工藝生產者培訓課程，教導他們創業以及做生意的技能與策略，也會把一些小規模的手作團體引介給世界各地的進口商與零售商，幫助她們開拓市場。ATA合作對象非常廣泛，包括手工藝匠、公司（如姊妹共創社）、政府、非營利組織等，希望竭盡所能為貧困國家的手工藝匠提供穩定收入。ATA與合作夥伴會提供至為重要的產品研發、培訓課程、行銷服務等等，受惠者遍布四十一國，人數突破六萬五千人，其中七二%是女性。ATA之前爭取到美國國際開發署的合約，在薩爾瓦多推動手工藝品市場擴大專案，該專案的負責人安娜・羅莎・賽瓦（Ana Rosa Selva）與旗下團隊成功創下逾三百萬美元的銷售額。ATA在薩爾瓦多的成就不止於此，還成功媒合當地藝匠與零售巨擘奎恩佰瑞家具（Crate & Barrel）、聖地牙哥動物園的合作關係。羅莉是我和ATA之間的連絡窗口，之前ATA與西非貿易樞紐（West Africa Trade Hub）合作，經羅莉穿針引線，我成功將觸角深向迦納，和當地的手工藝婦女建立關係。我對ATA推崇之至，高度期待這趟ATA贊助的薩國行。

離開丹佛的前一天，我買了寂寞星球（Lonely Planet）出版的薩爾瓦多旅遊指南，但因為忙於打包，沒有時間深入研究。依我的習慣，旅行前至少會翻閱一下旅遊指南，了解要去的國家，或是上Google查詢該國相關新聞報導，牢記幾個必看景點。但這次除了知道薩爾瓦多的地理位置，僅依稀保留十幾歲時的記憶，模糊記得該國在一九八〇年代爆發漫長又血腥的內戰。從丹佛飛往聖薩爾瓦多途中，我把握時間閱讀旅遊指南，多了解薩爾瓦多以及該國的歷史。我還和坐在旁邊的薩爾瓦多人士聊天。九年前，這位薩爾瓦多男子離家赴美，在美國找到較高薪的工作，再匯錢回家鄉。這是他離家九年來，第一次回國探親。交談之後，我才知道，在美國工作的薩爾瓦多人匯錢回家是許多薩國家庭重要的收入來源。根據聯合國開發計畫署（UNDP）調查顯示，薩爾瓦多約二二%家庭靠美國匯回的錢生活。薩爾瓦多位於中美洲，與瓜地馬拉、宏都拉斯接

壞。薩爾瓦多擁有熱帶美景，內陸群山與火山形成的獨特黑色沙灘吸引絡繹不絕的觀光客。薩爾瓦多人口不到六百萬，一九八〇至九二年期間，政府與反叛軍爆發內戰，奪走近二十萬條人命。

罹難者包括神父、修女、傳教士，以及為當地窮人爭取權益的人道援助者。一九七〇年代晚期，樞機主教奧斯卡・羅梅洛（Oscar Romero）勇於對抗荼毒薩國的諸多弊端，諸如壓迫、貧窮、司法不公、政府暗助的迫害與暗殺等等。一九八〇年，羅梅洛在教堂主持彌撒時，當場遇刺喪生。他的臉部肖像出現於薩國的大街小巷，成了主要的手藝品之一。他的臉無所不在，彷彿一直跟著我們。

即使內戰已結束多年，政治對峙的緊張態勢依舊不減，這可從薩國首都聖薩爾瓦多建築物牆上與圍籬上的塗鴉看出端倪，這些塗鴉出自反對黨馬蒂民族解放陣線（Farabundo Martí National Liberation Front，簡稱ＦＭＬＮ）。軍政府與ＦＭＬＮ之間的戰火長達十多年，ＦＭＬＮ由五支左派民兵組成，軍政府則靠美國在背後撐腰，但據傳，薩國政府多次違反人權。薩國人權聯委會主席赫伯特・恩內斯托・阿納亞（Herbert Ernesto Anaya）遭暗殺後，聯合國、法國政府、國際特赦組織（Amnesty International）與美洲戰士學校觀察（School of the Americas Watch），紛紛抗議薩國政府在幕後陰謀策劃。一九九二年，交戰派系終於展開和平談判，ＦＭＬＮ也從民兵組織轉型為合法政黨。

我們從機場搭計程車到聖薩爾瓦多的米拉多廣場飯店。車子駛過即揚起沙塵，沿路看到鐵皮覆蓋的低矮棚子、熱帶棕梠樹、椰子攤，構成奇怪的組合。車子開進市區後，看到一輛輛在後座加掛黃色外送箱的摩托車呼嘯而過，外送箱上面畫了一隻小雞圖案，是當地坎培洛炸雞連鎖店（Pollo Campero）商標。坎培洛炸雞在當地風評第一，堪稱中美洲的肯德基。該店發跡於瓜地馬拉，後來進軍薩國。內戰結束後，美國幾個企業也進駐薩國，沃爾瑪（Wal-Mart）零售百貨是其一，不過沃爾瑪到了薩國並未沿用原名，而是更名為家家超市（Despensa Familiar）、唐璜量販店（Despensa de Don Juan）與超級大賣場（Hiper Paiz）。薩國與美國麻州差不多大，沃爾瑪在這兒共開了六十五家分店。

瑪麗麥可和我在旅館與提姆碰面，另外還認識一位新同事杜魯絲．比格史塔夫（Druce Biggerstaff）。當天是杜魯絲到大善公司上班的第二天，她擔任公平貿易商品採購員，善於採購拉丁美洲與非洲商品。完成住宿登記後，在旅館大廳與ＡＴＡ三位工作人員安娜瑪麗亞、安娜羅莎、艾瑞絲碰面。三人叮囑我和瑪麗麥可絕不可單獨離開飯店。看到街上每家商店前面都有手持自動步槍的男子站崗，我們可不敢把她們的話當成耳邊風。儘管處處可見槍枝與警衛，但我不覺得在薩國有什麼危險。反正到了陌生地點，就是要提高警覺，小心謹慎。

在薩國預計停留四天三夜，第一晚ＡＴＡ工作人員帶我們到群樹環繞、綠意盎然的餐廳用餐。這家高山餐廳位於火山頂，前身是咖啡莊園，風景秀麗，美的讓人屏息。坐在餐廳外，眺望叢林以及錯落其間的小鎮與村莊。一邊欣賞美景，一邊享用薩國最有名的道地佳餚普普沙餅（Papusa）。普普沙餅是玉米磨成粉烤出的厚餅，裡面包了淡味的白色乳酪，餅皮上面鋪滿醃製蔬菜，嚐起來美味無比，周遭的景色也美不勝收，賞心悅目。由於我們在薩國時間有限，因此當晚規劃了接下來行程，拉帕瑪（La Palma）是第一站。

拉帕瑪位於內陸，遠離海岸，幾乎與宏都拉斯接壤。從首都聖薩爾瓦多到拉帕瑪車程約一個半小時。內戰後，薩國翻新馬路，因此一路上交通非常順暢。拉帕瑪位於山中，早晚氣溫偏低，類似科羅拉多州的天氣形態，不過一年天氣大抵偏暖。車子進入拉帕瑪後，放眼所及每一樣東西都飾以濃厚的拉帕瑪風格，從電線桿、建物、圍籬，乃至招牌等等，各個都漆上顏色繽紛的幾何圖案、抽象動物與人形。

安娜瑪麗亞指著窗外的圖案說：「那些都是好玩的嬉皮圖案。這裡幾乎每個人都畫得出拉帕瑪風格。」

這種彩繪風格正是吸引我們來此的原因。在這裡，逾七五％居民靠販賣拉帕瑪藝術品與手工藝品維生。

一九七〇年代初期，薩國才氣洋溢的畫家費爾南多．羅特（Fernando Llort）遷居至拉帕瑪，遠離首都的政治紛擾。他在拉帕瑪開了一間小型藝品店，店名叫做上帝的種子（La Semilla de Dios）。羅特在店裡傳授當地居民技藝，教導居民利用象徵薩爾瓦多的圖案與圖騰，創造色彩繽紛的畫作。羅特持續發揚他的畫風，最後成立全方位發展中心（Center for Integral Development），凡是當地對藝術有興趣的居民，都可在此獲得學習機會。羅特的作品成為薩國的鄉土藝術。

我們一行人進入上帝的種子參訪，這間店是羅特作品的誕生地。土耳其藍色牆面上是一排排展示架，擺放琳琅滿目的彩色木作。我們到工作區參觀作品的製作過程。首先，男子將曬乾的木頭切割成木作品所要的形狀，女子再將圖案繪於木頭上，讓木頭搖身變成薩爾瓦多民俗藝品。該店許多作品帶有宗教色彩，販賣的十字架琳琅滿目，但中心點都繪上羅梅洛主教的肖像。杜魯絲與提姆物色產品時，安娜瑪麗亞私下告訴我和瑪麗麥可，街上另一頭有一個合作社或許更適合姊妹共創社，因為該合作社是純女子團體，不像上帝的種子男女皆有。此外，該合作社的產品不帶宗教色彩。

離上帝的種子大約半條街遠，阿敏塔・德・曼西亞（Aminta de Mancia）女士自己創業，投入繪畫事業，店名是耶穌木作手工坊（Artesanías El Madero de Jesús）。德・曼西亞是受教於羅特門下的第一期女子，學習羅特的繪畫風格。她創業之後，不僅想壯大家族繪畫事業，也有意雇用當地女性，讓偏鄉婦女能在自宅接件為她工作。她派兒子或其他擁有貨車的男士，每周開車到這些婦女的家中取件，也將婦女所需的繪畫材料宅配到府。她的木製工藝品作工複雜，需要集眾人之力才能完成，包括木匠、畫師、鋸木工、彩繪師、拋光工、包裝員等等，因此她能提供很多人就業機會。

其中一位受雇藝工叫瑪麗亞，十二歲就下田工作，賺錢照顧一大家子。瑪麗亞知道阿敏塔是誰，也知道她經營的繪畫事業，但瑪麗亞是繪畫的門外漢，不確定阿敏塔是否願意雇用她。有一天，瑪麗亞決定放手一搏，直搗阿敏塔的家，試試自己的運氣。阿敏塔同意收瑪麗亞為徒，教瑪麗亞繪畫技巧。如今她已是耶穌木作手工坊的全職藝匠，努力想為妹妹們開創更美好的未來。

她說：「剛到這裡，我根本不會畫東西，現在學會了繪畫技巧，也發現只要有心，沒有事難得倒我。我希望妹妹完成學業、繼續上大學，這份薪水能讓我如願。」

在阿敏塔與多位藝匠幫忙下，瑪麗麥可與我開心地設計零錢包大小的隨身化妝鏡，也動手彩繪耶誕節飾品，飾品仿美國童書作家蘇斯博士的繪畫風格。可用的顏色與圖案不勝枚舉，可行的搭配與組合似乎無窮無盡。我和瑪麗麥可非常喜歡阿敏塔的團體與工藝品，在店裡買得很開心，壓根兒忘了接下來還要參訪三個類似的藝品店。等到了另外三家藝品店，因為找不到讓人心動的新穎作品，沒有再添購新貨。拉帕瑪繪畫已達產能飽和狀態。

堅定自己的信念

坐了好久的車返回首都，一回到飯店，我立刻回房坐在書桌前打開電腦，一次又一次地嘗試打開電子信箱，但電腦不斷出現錯誤訊息。我以為是電腦沒連上網路，為了確認是不是網路出問題，我點進姊妹共創社的首頁，沒想到網頁整個改版，原來的網頁已被大善公司的首頁取代。我心裡一直有個底，知道此事遲早會來，也滿心歡迎網頁搬到新家。雖然兩家公司在二〇〇七年八月合併，但合併八個月以來，姊妹共創社的網頁繼續由位於科羅拉多州的辦公室經營管理，亦即所有訂貨仍繼續寄到科羅拉多州的辦公室（所幸在美國的運費由大善公司出資，至少我不必再開著小貨卡東奔西跑送貨）。因為商品寄到科羅拉多州，所以我們每天仍得打包包裹，再請優比速（UPS）快遞到客戶指定地點。網頁搬家所花時間遠超出預期，而網頁正式搬遷到大善公司的科技平台前，姊妹共創社無法將庫存搬到在大善公司的倉庫，進行包裝與運送。訪問薩國兩三周前，我、瑪麗麥可、雪莉、艾莉森，將大部分的存貨裝箱打包，寄到大善位於肯特的倉庫，只留下小部分庫存因應這段過渡期的訂單，但我沒料到網頁會在我出國時搬到新家。網頁搬家後，我的電子信箱也跟著消失。我的手機在薩國無法使用，電子信箱也被淘汰，這下和美國家人切斷聯繫，心理忐忑而不安。這時想到飛機上那位九年不曾返鄉探親的薩國男子，心情平穩了一些，心想至少兩天前我還跟家人在一起，不過我還是不習慣不檢查電子郵件。

所幸我忙得沒有太多時間擔心網頁，也無暇連絡家人，在薩國只剩兩天，我們還有好幾個手工藝坊要參訪。薩國有樣東西吸引我的目光，我發現年紀較大的婦女都穿著到大腿一半的可愛圍裙，鮮少有例外。這種印花棉布圍裙獨一無二，裙襬鑲著造型奇特的荷葉邊，搭配碎花圖案，飾以口袋與蕾絲。我用相機拍下每個路過的女子與可愛的圍裙，一邊詢問安娜瑪麗亞：「那些圍裙是誰做的？」

安娜瑪麗亞答：「什麼誰做的？」她不知道我問什麼。

我說：「這裡以及聖薩爾瓦多的街上，每個女子都穿著可愛的短圍裙，妳知道圍裙是哪兒做的嗎？」

她忍不住笑了：「那些都是薩國婦女用不要的碎布做成的，妳該不會對老女人的圍裙有興趣吧？」

「妳說對了！復古圍裙在美國很流行。」我對她解釋這個現象，告訴她我最愛的人類學

（Anthropologie）百貨公司有一區專賣造型奇特的復古圍裙，和擦拭杯盤的抹布。

安娜瑪麗亞還是笑不停：「我不太清楚，我們再找找吧！」她說也許我們可以到靛藍工坊（Las Azulinas）碰碰運氣，該店專賣靛藍染布服飾與配件，或許也賣圍裙。

自前哥倫比亞時期以來，薩國便將靛藍染劑視為珍寶。西班牙殖民者稱靛藍為藍金，並在薩國各地廣種靛藍作物，數百年來薩國成為全球靛藍最大生產國。到了二〇〇三年，薩國因為長期動盪與內戰，百廢待舉，就業機會少之又少，對女性尤其不利，但靛藍依舊是生財的可靠資源。在聖塔安娜村（Santa Ana），女藝匠組成合作社，大家貢獻技術與資源，靛藍工坊就是她們集思廣義與共同努力的結晶。靛藍工坊以當地可提煉靛藍的植物Las Azulinas命名，承襲薩國使用靛藍染的悠久傳統，推出獨樹一幟的手工藝品。此外，這個團體清一色是女性。

靛藍工坊規模雖小，卻對當地女性帶來莫大影響，迪娜．薩爾加多（Dina Salgado de Méndez）與雷歐諾雷．康特拉斯（Leonor Contreras）是其中兩個例子。迪娜的大女兒患有唐氏症，女兒的醫療費是家裡經濟重擔。靛藍工坊讓迪娜可以在家一邊工作一邊照顧女兒。雷歐諾雷則用工坊提供的收入養育四個女兒，同時也負擔家庭部分生計，這是她這輩子第一次拿得出錢養家，為此她相當自豪。雷歐諾雷成了職業婦女，社會地位與信用記錄讓她符合申請小額貸款的資格，她說：「偶爾利用小額貸款為家裡添購床鋪與冰箱，改善家裡的生活。」

我們沒有在靛藍工坊找到圍裙，卻挖到另一個寶：一條美麗的靛藍針織棉披肩，下襬以一排白色星芒圖案收邊。靛藍工坊的女雇員在綠意盎然的庭院工作，院子裡有一棵高聳的棕櫚樹，攀藤植物開著花朵，還有露天休息區。工作坊一邊連接露天休息區，另外三面砌著磚牆，屋頂覆蓋鐵皮。艾瑞絲充當模特兒，穿戴披肩，我則填寫下單文件。我欣賞靛藍工坊成功結合薩爾瓦多兩大珍貴資源：手藝精湛的婦女，與讓人愛不釋手的靛藍染。

隔天早上，我們拜訪女設計師瑪麗亞．安格列斯．德．魯法蒂（Maria de los Angeles de Ruffatti），她設計的前衛手提包使用回收輪胎的內胎，是我們這次專程到薩國的主因。瑪麗亞和她的丈夫待人熱情，住家簡樸但溫馨，房舍中間也有院子。瑪麗亞經營手提包事業二十餘年，在漫長的內戰期間，工廠被迫歇業，設計工作也暫時擱置，但她保留每一張設計圖的照片，並妥善收藏在相簿裡。瑪麗亞帶我們參觀位於前門玄關旁的手提包展示廳，我們很喜歡這些包款。杜魯絲明白告訴我，我們不要的任何包款，她很樂意接手下訂單。不過我看上這裡的每一個提包，有意全買下來。大善公司旗下關係企業在選購商品時，難免會彼此競爭與較勁。姊妹共創社有自己特定的產品路線，不同於大善底下其他品牌，所以營運上較為自主，但仍須和其他公平貿易採購員爭搶新產品與供應商。不同於其他公司，大善採購員只要自認產品賣相不錯，就可自行決定買或不買，公司不會硬性規定採買項目。這種做法給予採購員自行斟酌的空間與發揮創意的自由，但有時也會點燃競爭的態勢。我們所有人坐在庭院裡，一邊享用檸檬汁與點心，一邊下單，總金額高達兩萬美元，這是姊妹共創社歷年來與新合作對象簽下的最大一筆交易。

接著我們返回聖塔安娜，參觀瑪麗亞的提包生產工廠烏卡魯法蒂（Uca Ruffatti），也到她的住家進一步認識產品，但親眼目睹產品製作過程對我而言頗為重要。到了工廠，第一間房放著裝了靛藍染劑的大木桶，瑪麗亞的先生掀開木桶的蓋子，讓我們瞧瞧。烏卡魯法蒂利用這些染劑將棉製帆布染成靛藍色，再將布料搭配真皮或廢輪胎的內胎，製成手提包。靛藍染劑味道刺鼻，所以我們看了一眼便匆匆離開，到下一站產能全開的生產線，看到讓我掉下巴的詫異景象。工作檯前每一位員工都是男性，剪輪胎皮、車縫提袋、裝上金屬飾品等等，清一色是男性。除了剛走進此房的我們是女性，放眼看去，不見任何女性工作人員。我驚恐地看著提姆、杜魯絲與瑪麗麥可。沒錯，合作團體有時的確需要男性幫忙，通常都是合作對象的丈夫或家人，但從沒有一個合作團體清一色是男性。我心情跌到谷底，都快哭了，儘管這麼做既失禮也不專業。為了這些回收輪胎包，我特地飛到薩國，滿心以為背後生產者是女性。沒錯，提包設計師瑪麗亞確實是女性，但其他工匠（以及受惠於這筆收入者）全都是男性。我不能買這些手提包。

我的心情急轉直下，從高高在上的英雄，瞬間淪為狗熊。瑪麗亞不了解問題癥結，但對我而言，這是不容妥協的問題。我們不只支持女性設計師，也希望掙錢養家的生產者是女性。姊妹共創社必須忠於協助貧窮女性的初衷，雖然其他賣相佳的產品也可以幫助人，但無論這些產品多麼誘人，姊妹共創社仍須以援助貧窮女性為首要考量。姊妹共創社販賣的每一件商品，都代表一種道德與政治主張。姊妹共創社要打造「她經濟」，透過交易與買賣讓女性彷若姊妹們互相扶持。道德上，我自認有義務幫助女性，為她們在已成主流的全球貿易談判桌上爭到一席之地。對女人而言，生活窮困代表無權支配自己所賺的錢，就算有，也極為有限。窮也意味沒有機會，因為她們在家裡或村裡沒有影響力、沒有聲音。全世界的女性被當成隱形人、被低估、被不當對待、被認為代表性不足。但正因為女性深受貧窮之苦，她們擁有消弭貧窮的最大潛力。《經濟學人》稱女人是全球經濟成長「最有力的引擎」。若此話不假，姊妹共創社就不能偏離初衷，必須鋪好鐵軌，讓「她經濟」列車得以順利上路。

女權也是人權。一九四八年，聯合國大會通過《世界人權宣言》，概略敘述放諸四海皆準的人權基本共識：包括不被奴役、不被虐待的自由；受法律保護的權利；享有行動、言論、宗教、集會等自由；享有社會安全、工作、醫療、教育、文化、公民等權利。宣言第二條清楚載明，人人有資格享受本宣言所載的一切權利和自由，「不分種族、膚色、性別、語言……或其他狀況。」儘管宣言明白表示，女性有資格享受人權這個普世價值，但在許多國家，礙於傳統與偏見，或是各種社會、經濟、政治等因素，女性無福享受基本人權保障。

在政治領域，為全球女性爭權護益的戰鬥仍是進行式，但距離男女平等的目標仍是遙遙無期。某些人（尤其是已開發國家人士）認為，捍衛女權之戰已是過去式，男女平等早已不是問題。但聯合國仍有四十四個會員國，包括阿爾及利亞、阿根廷、澳洲、奧地利、比利時、巴西、加拿大、中國、埃及、法國、德國、印度、義大利、馬來西亞、紐西蘭、荷蘭、新加坡、南韓、西班牙、英國與委內瑞拉等國，拒絕接受與批准聯合國通過的《消除對婦女一切歧視公約》。聯合國一九七九年通過該公約，也是唯一肯定女性擁有生育自主權的人權公約。這公約被譽為國際婦女人權法案，美國雖然在一九八〇年七月成為簽署國，但至今未獲國會批准，因為議員反對生育自主權的構想。伊朗、阿曼、卡達、沙烏地阿拉伯、蘇丹、敘利亞、阿拉伯聯合大公國等幾個中東國家，則徹底無視它的存在。

二〇〇六年國際人權日，第六十一屆聯合國大會主席阿勒哈利法（Sheikha Haya Rashed Al Khalifa）女士說：「歷史上處處可見立意良善卻失敗的解決方案。如果我們想要消滅貧窮、促進人權，必須採取行動，賦予權力給窮人，從根本徹底解決歧視、社會排擠等造成貧窮的原因。由於人權、除貧、賦權窮人三者缺一不可，所以我們有道德義務付諸行動。」來自巴林的阿勒哈利法女士說的沒錯，我們肩負道德義務，應該為全球又貧又窮的人找到解決辦法。第一步就從幫助女性開始。

羅莉介紹瑪麗亞的團體給我之前，應該不知道技匠是男性。但姊妹共創社的宗旨是幫助全球女性，因此我無法履行這筆大幅偏離初衷的訂單。花在這筆訂單上的錢，可以拿去幫助薩國、瓜地馬拉其他婦女，或是下一次拜訪其他國家時，用於協助當地女性。我心裡清楚，這筆訂單應該作廢，也深信將男性製造的產品列為拒買對象，並非性別歧視，只是忠於公司矢志協助貧困婦女的更高使命，因此必須硬著頭皮坦白告訴烏卡魯法蒂的男性員工與魯法蒂家族，我必須取消剛敲定的兩萬美元訂單。雖然魯法蒂家族亟需這筆訂單，我也對這批美麗的手提包愛不釋手，投入生產行列的男性員工亦有十足理由得到該有的報酬，但我不能迴避每次選購時都要問的核心問題：誰是這筆買賣的受惠者？以這次的訂單為例，保留訂單勢必讓公司收入大增，但其他女性會被犧牲，因為我若選購這些手提包，就沒錢和其他女子做生意。我感到內疚又為難，最後還是跟瑪麗亞坦白，稱這次訂單必須作廢。

所幸提姆出面，問題立刻迎刃而解。「沒關係，」他對我與瑪麗亞說：「杜魯絲與我也很欣賞這些手提包，樂於收購所有工匠生產的公平貿易產品。」提姆與杜魯絲幫飢餓網買下這些手提包，返美後，這批產品不負眾望，成為大善公司的熱銷商品之一。

我感謝提姆，讓我們知道他不是只會耍嘴皮而已，他拿出實際行動證明，每次選擇都是以他人更大的福祉為首要考量。為此，我對他不勝感激。若提姆沒有與我們同行，我取消這筆訂單勢必對魯法蒂夫婦造成重擊，讓工廠的藝匠傷心欲絕，也讓我愧疚不已。親自上陣和工匠面對面，看著他們渴望賣出產品的表情，敲定大金額訂單點燃他們的希望，最後又不得不一筆勾銷，這一切讓我心情跌到谷底，也是投入公平貿易以來，心情最惡劣的一次。一開始雖是出於善意，卻犯了致命的錯誤，我不該在確切掌握魯法蒂的背景之前，輕率作決定。根據公司政策，與新團體合作之前，得先請對方填寫藝匠的小檔案，並附上開放式問題，藉此調查合作對象的性別、年齡與技能。但這次薩國行過於倉促，來不及請對方填寫背景資料。儘管中間發生讓人不安的插曲，我還是很高興自己經歷過這一遭，並力守公司選擇合作對象的標準。

我希望提姆以及在薩國認識的每一個人，能諒解我的決定，明白我堅守使命的立場。那一天，我與大善公司、提姆、新同事杜魯絲的關係又拉進了一些；採購員之間合作更甚於競爭，讓那天劃下完美句點。我想起一路上看到的羅梅洛主教肖像，以及他畢生堅定不移為貧困百姓奮鬥的決心。出境前，我在薩國機場買了畫著羅梅洛主教臉部肖像的十字架，希望藉此提醒自己，不要忘了羅梅洛主教為世界立下的榜樣：堅定捍衛自己的信念，不輕易動搖退縮。

人生如織錦

「相較我們現今所擁有的力量，不論過往或未來皆微不足道。」

——拉爾夫・沃爾多・愛默生（Ralph Waldo Emerson，美國作家）

柯妮・紐頓（Connie Newton）六十多歲，一頭灰髮，她和友誼之橋（Friendship Bridge）的員工霍爾赫・塞倫（Jorge Salem）催著我們快步走過崎嶇不平的碎石路，前往帕納哈榭（Panajachel）碼頭，搭上等候已久的船隻。柯妮帶頭在道路盡頭與湖水交接處轉個彎，大家這才首次欣賞到靜謐亞提特蘭火山湖美不勝收的景色。亞提特蘭火山湖寬約三十二公里，四周被低矮群山環抱，馬雅傳統村落靜靜依偎在其中。我兒子達科塔、公公吉姆、瑪麗麥可的兒子羅伯特三人，三天前先行抵達瓜地馬拉，我和瑪麗麥可則還在薩爾瓦多參訪，因此他們有充分時間探索這個祕境，而今彷彿如魚得水，像在家裡一樣自在。

我和瑪麗麥可到了瓜地馬拉，當天下午便到安地瓜（Antigua）和吉姆、達科塔、羅伯特三人會合。五人坐在廂型車裡，沿著嶙峋山脊、蜿蜒山路，前往令人讚嘆的亞提特蘭火山湖。途中，兩個小孩分享他們的探險經歷：他們爬上火山，因為太靠近熔岩，腿毛還燒焦。此外，他們也對一位同行的登山客留下極深印象，因為他自備一包棉花糖上山，就著熔岩烤來吃。兩個男孩也很喜歡搭乘人滿為患的野雞車。瓜地馬拉的公車類似美國老舊校車，只是每個司機會依自己的偏好和個性裝飾公車，因此每輛車五顏六色、爭奇鬥豔。野雞車一詞確切來源已不可考，可能是因為乘客可以攜帶任何東西搭車，包括雞隻在內；或是公車鮮少中途停車讓乘客上下車，因此乘客彷彿上了賊車，不得不和司機比試膽量，看誰是弱雞。我和瑪麗麥可透過兒子的雙眼認識瓜地馬拉，覺得新鮮又刺激。

我們從安地瓜長途拉車至帕納後，找到下榻旅館辦好住房手續。帕納是當地人對帕納哈樹的暱稱之一，其他稱呼還包括外佬鎮（Gringotenango，譯注：gringo為西班牙文的外國人，尤指美國人），因為這裡有大量觀光客在街上穿梭。我們在湖邊的頂樓露天餐廳用晚餐，極目望去，黑漆漆一片，似乎沒有盡頭，就像小時候晚上望著窗外，只見一大片黑壓壓的空曠農地。現在是大白天，我們終於能一睹昨晚錯過的美景——如假包換的世外桃源。三十二公里寬的火山湖被群山環繞，村莊、咖啡田、熱帶花卉點綴其間，這樣的美景不輸精美全彩印刷旅遊雜誌介紹的任何一個度假勝地。若不是因為有工作在身，這裡絕對是理想的度假地點。我們一一上了船，我心想在帕納哈樹這樣的世外桃源怎麼也會暗藏諸多問題。

咖啡主題曲

瓜國人民確實遭遇諸多問題。瓜地馬拉受內戰之苦近三十六年，與鄰國薩爾瓦多的際遇別無二致。內戰期間，為了掃蕩游擊部隊的攻勢，政府軍在鄉間放火燒村，估計逾四百五十個馬雅村落遭祝融付之一炬，一百萬人無家可歸淪為難民，逾二十萬人死於內戰。一九九六年和平終於降臨瓜地馬拉，但長年衝突也留下遺毒：文盲與窮人的比率居高不下，暴力犯罪率高居拉丁美洲之首。根據美國中情局編纂的《世界實錄》（*Central Intelligence Agency World Factbook*），五六%瓜地馬拉人民生活窮苦。國內暴力居高不下主要是因為毒品走私，而婦女是暴力犯罪的主要受害者。根據《基督教科學箴言報》二〇〇九年報導，瓜國政府稱二〇〇八年逾一萬名婦女慘遭性侵。更令人膽顫的，自內戰結束後，數千名婦女被殺害，當地人稱這種冷血殺害婦女的現象叫弒女（femicidio），但兇手多半逍遙法外，未受懲處。

柯妮・紐頓是微型信貸組織友誼之橋的董事之一。友誼之橋一九八八年創立，創辦人是泰德・寧和柯妮・寧（Ted and Connie Ning）。這對夫婦創辦該組織前，曾造訪越南，發現越南問題重重的醫療體系。醫院設備落後，只能用老舊器材醫治病患；醫藥嚴重短缺；眾生飽受可預防疾病之苦。因此寧姓夫婦決定伸出援手，請朋友攜帶藥物及醫療用品到越南。一九九〇年春，友誼之橋從美國出貨，將大批醫藥與醫材寄往越南，數量之多，是一九七五年來之最。為了擴大影響力，友誼之橋決定將業務重心從提供醫療救濟，改為提供婦女微額信貸，以治本方式解決全球貧窮問題。友誼之橋和峴港（Da Nang）修道院一群勇氣十足的修女合作，用不到三千美元成立越南第一個微型貸款機構。一九九八年，友誼之橋的服務對象擴及另一個受戰火與貧窮蹂躪的國家——瓜地馬拉。二〇〇〇年五月，友誼之橋在越南成功核准五千多筆信貸後，重新將注意力放在瓜地馬拉，讓近一萬四千名婦女受惠，獲得微型貸款。

二〇〇八年，青年社企創業與微型貸款機會大會（Social Business and Microeconomic Opportunities for Youth Conference）在丹佛登場，我在大會上認識柯妮。該大會由約翰．哈契（John Hatch）主持，他是偏鄉金融運動的教父，也是開辦微型信貸幫助偏鄉貧窮村落的先驅之一，約翰的事蹟讓與會者聽得津津有味。他透露，當年從祕魯飛往玻利維亞的途中，在雞尾酒杯下的紙墊背面擬出偏鄉金融運動的藍圖。一九八四年，約翰開始付之行動，第一步是與玻利維亞農民合作。約翰是傅爾布萊特獎助計畫（Fulbright Program）經濟學家，深諳國際發展，深信小額貸款能讓窮人掌握與支配自己的財務和未來。透過微型貸款，窮人不須拿出抵押品就能貸款。村民也可以集體出資、投資、催繳放款金額，約翰稱這群人是：偏鄉銀行（village bank）。而他在杯墊上擬出的藍圖終於成形，成為國際社會援助基金會（Foundation for International Community Assistance，簡稱ＦＩＮＣＡ），至今已提供微型信貸給二十三個國家一百多萬低收入戶。約翰演講時，我滿腦子只想著怎麼樣才能和這位男子成為交心的酒友，或他專屬的服務生，收集他隨筆寫滿點子的方形紙巾。丹佛市長約翰．希肯盧伯（John Hickenlooper）和科羅拉多州長比爾．瑞特（Bill Ritter）上台簡短致詞後，約翰．哈契介紹一位他認識已久的朋友兼同事，諾貝爾和平獎得主穆罕默德．尤努斯博士。

尤努斯博士於一九七六年在孟加拉創辦葛拉敏銀行（Grameen Bank，譯注：Grameen 在孟加拉語意為鄉村，因此亦可直譯為偏鄉銀行），但他的創意遭遇一連串質疑。傳統銀行奉行全球金融界的主流價值：貧窮女性不值得放款。但葛拉敏銀行上路三十多年後證明，提供貧窮婦女微額信貸可改變一整村人的生計。尤努斯博士與葛拉敏銀行的「電話小姐」共同獲得諾貝爾和平獎殊榮，無疑向全球證明女性既優秀又有能力。電話小姐是孟加拉一個手機實業家團體，靠葛拉敏銀行提供的微額信貸創業。

「其實很簡單。」尤努斯告訴台下各行各業的與會者，包含領導人、學生、政治人物等等：「在我們有生之年，解決貧窮問題其實很簡單。」

他繼續說道，解決貧窮的下一步將由社會企業接棒。尤努斯一開始倡議提供孟加拉貧窮婦女微額信貸時，沒有人認為借出五十或一百美元等小錢能改變人生，但它的確生效。短短二十年間，世界各地的微額信貸機構（MFIs）暴增，從葛拉敏銀行一家激增至三千五百家。一開始大家認為，貸款足以讓婦女擺脫貧窮。的確，這筆小錢協助最底層的窮人脫離一日僅一美元這種既痛苦又不人道的生活。但尤努斯博士認為，事情不該到此為止。為了消弭貧窮，光靠微額貸款還不夠，必須繼續讓一天僅靠兩、三美元生活的人走出貧窮。因此，婦女不但需要微額貸款創業，也需要市場賣產品。他的想法和我在廚房思索事業藍圖時的理念不謀而合。

二〇〇五年，我參加了在丹佛大學校內類似的微額信貸大會，但當時主講人的想法和三年後尤努斯的主張天差地遠。ＭＦＩ業者不太替女性借款人出面，以其影響力為她們爭取市場，只是一味埋首於專業化他們的金融業務、規範借貸標準、強化還款率等等。這些的確是信貸機構該有的作業方式，但MFI不只是銀行，更是帶動社會改變的金融代理人。我在當年大會上與幾家小規模MFI的代表交換意見，他們無意幫姊妹共創社牽線，認識求助於他們的貸款婦女，即使這些婦女製作的手工藝品或許有出口潛力。許多MFI代表認為，居中為借錢的手工藝技牽線，助其產品打入市場，卻不幫借貸的農民尋找市場，可能會被大家誤以為MFI偏袒某些團體。他們的顧慮也沒錯，但我認為MFI仍應直接介入，或與一些組織結盟，幫助所有借貸者開拓市場，不管這些借貸者種什麼、製作什麼，或提供什麼服務。我擔任社工時，非常倚賴資源分享、小組合作，因此我想方設法，以別出心裁的方式結盟組織、企業、個人等等。我認為微額貸款與公平貿易是絕佳搭配，證明非營利組織可與營利企業合作無間，一併解決貧窮婦女的資金與市場難題。

二〇〇八年大會完全改觀，讓我又驚又喜。尤努斯博士的發言正是我在二〇〇五年大會上思考的事。我認為，創業與微額貸款是提供長期穩定就業的最佳組合。若細究葛拉敏銀行的歷史，不難發現該銀行除了借錢給窮人，也提供就業機會和市場資源。孟加拉的葛拉敏銀行貸款給女性，不問她們的創業構想。此外，葛拉敏銀行也提供婦女貸款買手機，加入微型加盟（microfranchise）創業方案。葛拉敏銀行提供女性貸款，讓她們在偏鄉地區提供村民付費電話服務，婦女靠著一支手機以及記得住世界各地電話號碼的能力，成功為自己創業，做些可賺錢的小生意。葛拉敏銀行提供資金與想法，再居中幫婦女找出可行的生意與市場。這種做法為尤努斯博士和「電話小姐」贏得諾貝爾和平獎。葛拉敏銀行又陸續推出類似的微型加盟創業方案，包括葛拉敏格紋布（Grameen Check）、葛拉敏能源（Grameen Energy），以及最近與法國跨國食品公司達能集團（Groupe Danone）合作創設的葛拉敏優格（Grameen Danone）。位於孟加拉的葛拉敏優格提供養牛婦女貸款，婦女擠出生乳後賣給優格工廠。其他婦女以微型加盟方式創業，只要有可攜式冰桶和天天可到貨的新鮮優格就能做些小生意，以非常合理的價格將新鮮優格賣給附近村民。養牛人家與優格女銷售員都可向葛拉敏銀行借貸，用於創業或是擴大生意規模。我認為同樣的運作模式也適用於微額貸款和手工藝品出口事業。

在大會上，我和柯妮討論瓜地馬拉之行，協助友誼之橋開闢市場，販賣瓜國婦女織出的美麗布料。這些婦女皆受惠於友誼之橋提供的微額貸款。我這趟旅行重點之一是拜訪坎姆．亞哈榭社區（La Comunidad K'em Ajachel），它是四位婦女向友誼之橋貸款創建的小型手工藝事業，友誼之橋之所以願意贊助，是因為只要適當指導與協助這四位女子，也許她們可以在當地觀光市場做些生意，販賣瓜地馬拉手工藝品與傳統飲食。該團體獲得一萬美元貸款與一間兩年免租金的店面，店面位於帕納哈榭最大的桑坦德街（Santander Street）。但整個計畫才剛上路就遇到挫折，四位創辦人有三人在事業上軌道前就放棄退出，最後一位借款人佛蘿琳達．坎恩．坎克切（Florinda Can Queche，暱稱佛蘿拉）一肩扛起所有工作以及未還的貸款，讓坎姆．亞哈榭社區得以繼續走下去。多虧她的堅持與努力，整個計畫終於上軌道。佛蘿拉採購的手工藝品多半出自向友誼之橋貸款的女子，再將商品陳列於友誼之橋提供的小店面販賣。她根據自己的經驗，深知織工面臨的難題，因此全心協助她們，透過販售產品增加織工的收入進而改善她們的生活。我想藉由姊妹共創社幫她們的織品打入美國市場，增加該社群的收入。我很慶幸能到瓜地馬拉，為微額貸款人與美國市場建立橋樑。

淚滴形的花瓣

暖風輕拂過我的髮稍，乘坐的小船在如鏡的水面上鑿出一道水痕，船一路開至聖佩德羅（San Pedro）碼頭。亞提特蘭火山湖位於熱帶地區，四周有許多村落，聖佩德羅是其一。只見男子划著挖空樹幹製成的獨木舟在湖上捕魚，女人在岸邊的淺灘洗衣。一位婦女從湖邊走來，手提一籃剛洗好的溼衣服，親切地向柯妮打招呼。柯妮走在石路斜坡，一路上不斷有人向她問好，彷彿她是搖滾巨星。這些馬雅婦女各個身材嬌小，穿著色彩繽紛的馬雅傳統服飾，由上而下依序是手織棉衫圍披、長裙裹貼（corte）、長裙上所繫的綁繩辛塔（cinta）。圍披是瓜地馬拉馬雅原住民婦女慣穿的傳統罩衫，布料以傳統背帶織布機織成，再手繡出精美細緻的圖案。柯妮表示，上衣配色和圖案因村而異，因此從婦女的上衣可輕易判斷她來自哪個村落。不過隨著時代變遷，婦女愈來愈常在村落之間移動，接觸了其他村落的織法與配色，新舊元素混搭後，上衣的在地性已不那麼強烈。

一踏上聖佩德羅，我們的眼、耳都備受衝擊，嘟嘟車（tuk-tuk，類似印度的人力車）在街上穿梭，婦女背著織布機紡布，流浪狗趴趴走，一排身穿亮豔馬雅圍披的婦女坐在一籃籃顏色更繽紛的新鮮蔬菜旁，小鎮廣場周圍的小吃攤飄來陣陣炸雞味。柯妮慢條斯理地向每位上前問候的婦女詢問她們的家庭與生意，同時也在人群中搜尋瑪麗亞・梅西亞斯（Maria Mesías）。瑪麗亞是友誼之橋的信貸主管，我們相約在熙攘的市集碰面。

柯妮腳套襪子，搭配勃肯涼鞋，步伐有些蹣跚搖晃，但她一瞥見瑪麗亞，我們反倒得加快腳步，幾乎是小跑步才跟得上她。柯妮大力誇讚瑪麗亞是前衛的馬雅婦女。她身穿馬雅傳統服飾，努力維繫馬雅傳統，同時也是瓜地馬拉新世代女性的模範。瑪麗亞的朋友都叫她瑪麗，她在一九九九年首次獲悉友誼之橋這個組織，並在同一年成為該組織的借款人。當初，瑪麗與她母親獲悉可以貸款，支付背帶型織布機紡布的相關成本，兩人半信半疑，因為她們都拿不出擔保品。瑪麗前往友誼之橋的辦公室，詢問貸款相關事宜，後來組了友誼之橋的第二個民間自助會，獲得一千五百瓜幣的貸款（譯注：約新台幣六千元）。類似約翰・哈契的鄉村銀行構想，友誼之橋將貸款婦女分成幾個小組，讓她們自組名為互信銀行的互助會。跟會的人彼此信任，以互信為擔保品，保證會按時還款，不讓其他跟會的成員失望。若有一人未準時還款，整個互助會必須替她扛債。為免有人倒債，拖累大家，所有跟會的女性必須通力合作。

瑪麗接觸友誼之橋前，找不到其他方法融資與創業，不得不受雇於他人，靠著幫人織布、刺繡、串珠等，賺取微薄工資。瑪麗從友誼之橋獲得第一筆貸款後，花了一千瓜幣（譯注：約新台幣四千元）購買紗線與串珠材料，開始自己的事業。她雇了三位織工，賣出織品後不僅回本還小賺一筆。第一批織品的售後所得足以讓瑪麗準時還清所有貸款。還完貸款後，瑪麗仍有數量可觀的紗線存貨，這些材料免成本、無負債，售後所得全歸瑪麗。她和丈夫佩卓將剩餘的五百瓜幣用於購買咖啡樹苗，栽種不久後，咖啡樹順利結果，讓瑪麗除了織布事業，又多了筆額外收入。

隨後，瑪麗又兩度向友誼之橋成功借款與還款，賣出的圍披足夠翻新簡陋的住家。她將賣掉最後三件圍披所得的九百瓜幣拿來購買門窗。瑪麗是友誼之橋貸款計畫的模範生，因此友誼之橋決定聘她擔任全職信貸主管，瑪麗自豪又開心地接受。

身為信貸主管，瑪麗必須拜訪沿湖各個村莊，協調旗下二十八個婦女互助會，讓她們能每月順利開會。瑪麗負責管理監督每個互助會，每個互助會約有二十至二十五個貸款人，瑪麗必須向她們收款、追蹤貸款金額與還款情形。除了安排開會、經手貸款之外，瑪麗也會舉辦互動式教學，以當地馬雅語教導婦女有關女權、健康、教育等基本知識，同時也提供做生意的技巧。上課時，瑪麗會輔以遊戲或唱歌，有時讓大家暢所欲言，有時甚至會進行角色扮演。瑪麗將互助會女子重新分小組，分別負責招兵買馬，舉辦微額貸款說明會，直接登門拜訪可能加入微額貸款行列的婦女，為她們的小生意進行財務規劃。瑪麗告訴互助會的借款人，互助會每增加一位婦女，她便成為互助會其他成員的貸款擔保人，因此為了整個互助會的利益，她必須誠實而負責地使用貸款並按時還款。

瑪麗朝我們走來，從她上身所穿的圍披看得出她來自楚圖希爾村（Tzutujil），這個傳統馬雅村位於聖地牙哥亞提特蘭（Santiago Atitlan）。瑪麗穿的長裙是用腳踏式織布機織成，優雅地包住下半身，一端如印尼沙龍塞入腰際，這種穿法代代相傳，她的母親和祖母也都這麼穿。柯妮緊擁瑪麗，然後充當口譯，幫瑪麗和我們問候彼此。柯妮知道達科塔和羅伯特在校修過西班牙文，因此讓他們自己開口自我介紹。寒暄之後，我們緊跟在柯妮與瑪麗之後，她們手勾著手走在前頭，宛如兩姊妹自顧自聊著貼心話。最後，她們低著頭彎著腰擠進兩棟建物間的一條窄巷，巷弄直通某家的露天中庭，一個名為咖啡花的互助會今天在此開會。

瑪麗請咖啡花婦女與我們圍成一圈，大家一起合唱開場曲。我站在圓圈裡放聲高歌，同時低頭閃躲晾在頭上的衣物，一邊看著瘦巴巴的雞啄食腳邊的食物碎屑。我用破西班牙文跟著大家合唱咖啡花的主題曲：「我們是女人，我們很重要，我們和男人擁有相同權利。」從這首歌聽出她們的友誼牢不可破，以及友誼對她們的影響。重複唱到這段時，我們唱得更大聲，歌聲遠颺，行過露天庭院，飄向幾步之遙的市集。我們是女人，我們很重要，我們和男人擁有相同權利。這些是我和許多美國女性視為理所當然的基本觀念，但在瓜地馬拉的偏鄉，這首歌以及它在婦女心中掀起的漣漪與改變，勢如破竹，彷若革命。

在瓜地馬拉，對婦女暴力相向不會被約束，也不會受到懲處。二〇〇一年以來，慘遭謀殺的瓜國婦女大幅增加，速度攀升之快，讓人非常不安。總部設於倫敦的國際特赦組織公布一份報告，標題為〈瓜地馬拉：沒保護，沒司法：瓜地馬拉婦女遭殺害〉（Guatemala: No Protection, No Justice: Killings of Women in Guatemala），稱「婦女遭殺害案件層出不窮，遇害人數急遽增加，增幅之快讓人擔心。主要肇因於兇手不會受到懲處、法律寬鬆、根深柢固的大男人主義或性別歧視心態。」報告發表於二〇〇五年，光那一年就多達五〇六位婦女慘遭殺害，但沒有一個兇手遭起訴。二〇〇一至〇七年，多達兩千多位女子遭殺害但兇手未被起訴。瓜地馬拉鄉間逾七〇％人民生活貧困，偏鄉婦女的平均壽命在中美洲墊底，難產死亡率在中美洲名列前茅。此外，瓜地馬拉婦女的經濟活動率也在中美洲吊車尾，意味瓜國婦女少有或根本沒有掙錢機會，也賺不到可維持生計的工資。不像美國，瓜國女性無權擁有金錢、財產，甚至身體自主權。

瑪麗收妥咖啡花繳還的貸款，在出席名冊上一一登記每位成員，之後我們繞一圈，請大家輪流介紹自己與從事的小生意。然後瑪麗開始替大家上課。她發給每個人一片淚滴形狀的花瓣，每片花瓣都附一張圖，圖中有個女子，瑪麗請大家討論圖中女子在做什麼。她請兩三位婦女一組，和大家分享她們的想法。瑪麗把花心置於地上，上面列出女性可享的權利。有的婦女大方自在，有的內向害羞，但大家一一解釋手中花瓣代表的權利：有權賺錢、就醫、受教、集會、不應挨打受虐，以及最重要是可與丈夫平起平坐。每次發言結束，花瓣就會回到花心上，如此不斷重複，直到花朵完全綻放。婦女用微額貸款創業，也加入彼此照拂的互助會，她們打破行之多年的觀念，走出馬雅社會加諸在她們身上的框架與角色。這些婦女如花朵綻放，勇於改變丈夫的觀念與態度，以及女兒的未來。

離開聚會前，柯妮說：「史黛西，問問瑪麗她有幾個小孩。」但我還來不及開口，瑪麗就滿臉笑意地回答：「兩個，都是兒子。」瓜地馬拉的生育率居拉丁美洲之冠，每位女性平均生五個小孩。雖然瓜國政府曾公開承認該國的出生率偏高，但幾乎毫無作為，包括推廣家庭計畫或宣導節育等等。瑪麗為自己感到驕傲，不只因為她決定擁有小家庭，也因為她和丈夫共商兩個孩子恰恰好，瑪麗的丈夫尊重她以及她的決定。瑪麗是值得大家看齊的榜樣，她決定擁抱小家庭，有不錯的收入，過著兼顧傳統價值和現代看法的生活。她灌輸兩個兒子新觀念，教導他們何謂權利、能力、女性地位等等，我希望自己也這樣教育兒子。

微額信貸開創新人生

隔天，我們約了佛蘿拉見面，她是坎姆．亞哈榭社區創辦人。佛蘿拉在帕納哈榭出生長大，父親雷吉納多拒絕把自家土地賣給首都瓜地馬拉市來的有錢人，是當地唯一不賣地的原住民自耕農，因此坎克切家的房子非常寒酸，與四周有錢人蓋的豪華夏日度假別墅格格不入。佛蘿拉的母親恰貝拉．坎克切（Chabela Queche）十四歲就嫁給雷吉納多，夫婦育有四女，佛蘿拉排行老三。佛蘿拉雙親未受正規教育，因此兩人能選的工作僅剩農夫和織工。由於家裡經濟拮据，佛蘿拉七歲便開始向母親和馬雅鄰居學習織布和串珠，這些鄰居多半在附近有錢人的度假別墅擔任警衛或幫傭。她賣出自己、母親、妹妹三人在家編串的手環賺到人生第一筆收入。佛蘿拉在校受教六年後，為了貼補家用，九歲便棄學工作，成為全職織工。

一開始，佛蘿拉在當地市集販賣以傳統背帶織布機織出的布料，過沒多久，一位歐洲進口商發現她不凡的織布功力，向她大量下單購布，她遂和另外幾名原住民女孩替這位進口商工作。這位進口商對女孩剝削壓榨，逼迫她們白天超時工作，甚至常加班到晚上，卻只付她們微薄工資。佛蘿拉年僅十歲，這份穩定工作是她支撐家計的唯一選擇。當時，佛蘿拉的村莊並不知道何謂公平貿易，因此馬雅勞工備受西方商人剝削。佛蘿拉替那位歐洲商人工作了三年，愈來愈堅強，遂辭去工作，勇於爭取她的權力與合理工資。

佛蘿拉和母親一樣，十四歲便結婚成家。生了兩男一女後，為了家中經濟，又開始織布與串手環。佛蘿拉在亞提特蘭火山湖邊的船塢擺攤做起小生意，販賣自製的手工藝品，不論是炎炎夏日或大雨滂沱都不缺席，慢慢打出口碑，生意也漸入佳境，收入足以讓她雇用兩位幫手，嘉德拉麗亞與赫蘇斯。佛蘿拉後來從一群好友口中得知，可向友誼之橋貸款創業或擴大事業，因此她向友誼之橋貸款一百二十美元，也積極參與友誼之橋信貸主管提供的訓練課程。佛蘿拉所屬的互助會不僅提供友誼，也讓大家有個地方一起歡笑、一起學習。佛蘿拉靠貸款擴大手工藝事業，也賺了更多錢，目前共雇用五位婦女。她看到工作帶給婦女新生的機會，因為她本人便是過來人，靠著第一筆的微額貸款才有今天，因此她暗自發誓，要繼續幫助這些有才能的女藝工。佛蘿拉成功擴大手工藝品的事業，進而催生坎姆．亞哈榭社區。她和一開始的三位合夥人一肩扛起更大的借債與還款壓力，希望協助同為馬雅原住民的姊妹淘，幫她們的產品找到更大的市場，也替她們爭取合理收入，安東妮亞就是其中一位受惠者。

安東妮亞九歲便開始織布賺錢。窮困生活逼得她不得不在這麼小就開始工作，協助養家。她不僅要負責織布，讓家人拿到市集販售，每天還要幫忙諸多家務，包括煮飯、打掃、洗衣等等。安東妮亞十多歲便開始全職織布，在濱湖小鎮聖佩卓（San Pedro La Laguna）替一位美國女子工作。為了貼補家用，她每天得徒步一小時才到得了工作地點。她每天早上五點起床，開始一天的工作，晚上回到家，繼續織布到大半夜。她全心全意享讓家人擺脫窮苦生活，可惜她的父親卻辜負她的辛勞。安東妮亞有了收入後，父親卻愈來愈少工作，反而將女兒賺來的辛苦錢拿去喝酒買醉，結果家裡的經濟反而不如安東妮亞成為家裡經濟支柱之前。安東妮亞了解自己必須經濟獨立，因此她帶著一群織工組成「希望」（La Esperanza）。「希望」與佛蘿拉合作，成為坎姆．亞哈榭社區的織布供應商，專門提供佛蘿拉天然染布。安東妮亞堅強、自律、開朗，負責提供「希望」織工所需的材料、把關品質、確保準時交貨給佛蘿拉。

我想幫助佛蘿拉以及她合作的織工，教導她們如何出口商品到美國。佛蘿拉與「希望」已在當地建立一定的市場，販售對象以社區居民以及觀光客為主，但她們想進一步出口到美國市場，藉此提高銷售額，我也有此打算。不過，佛蘿拉、織工以及首飾藝匠曾吃過西方商人的虧，因此希望我們這次的合作關係務必合理、平等。我們保證會尊重她們開出的價格，甚至提醒她們，在開價時要確認已將所有成本與勞力納入考量。我們同意，下單時會先付總額的一半，也會付擔所有運費，商品預備出貨時，再將尾款匯給她們。我們是平起平坐的生意夥伴，一方負責生產，一方負責販售。佛蘿拉、瑪麗麥可、霍爾赫和我四人，花了幾小時研議出貨的相關細節，包括運送、出口文件、包裝、製造地標示、其他雜項等等，希望坎姆．亞哈榭社區能順利將產品輸往美國。

剩下幾天不停搭船停靠一個又一個碼頭，上岸拜訪亞提特蘭火山湖周圍的村落，認識更多為坎姆．亞哈榭社區織布的女子。聖胡安（San Juan La Laguna）婦女示範天然植物染的過程，她們僅從花朵、樹皮、植物等天然植物提煉染劑，再替織布用的紗線上色。天然植物染都會先和竹子一起煮，以利固色，同時也為染劑增添粉蠟般的柔和色調，顏色繽紛，有天空藍、暖金、灰綠、摩卡褐、淡粉等等。

在聖塔卡塔里納（Santa Catarina），我們拜訪一位事業有成的織工羅莎，她在小鎮經營一家小店，店裡販售琳琅滿目的圍披。我們沿著商店後面的小坡，穿過狹窄走道，前往羅莎家，羅莎與母親以及兩個孩子住在一間兩房小屋。途中，我們在一間小雜貨店購物。這家小店由女性經營，她把自家前廳挪出來改建成店鋪。我們買了一袋米、近半公升食用油、兩塊肥皂，作為送給羅莎的見面禮，答謝她敞開家門讓我們參觀。幾個小孩尾隨我們沿著蜿蜒小路爬坡而上，經過多棟房舍後，終於發現直通羅莎住家院子的水泥小徑。

我們快接近羅莎家門口，羅莎便出來迎接，她女兒羞怯地站在傳統馬雅浴的土窯旁邊，裹足不前。土窯和主屋相連，大小和大型狗屋差不多。馬雅浴用於洗淨全身，和淋浴類似，只不過用的水量少，比較接近桑拿浴，另外，馬雅浴也用於治療，因此常可看到馬雅人將植物加入馬雅蒸氣浴，用以驅病。羅莎住家用灰色水泥磚搭建而成，屋頂覆蓋鐵皮，用粉色蕾絲簾子充當前門，幾乎擋不住蟲子，更別提任何危險。羅莎圓潤的臉露出感染力十足的笑容，身上穿著偏深色的土耳其藍傳統圍披。在聖塔卡塔里納，和我們擦身而過的每位婦女也都穿著馬雅傳統圍披。羅莎表示家裡主要的經濟來源就靠她織製圍披，並當場向我們示範如何操作背帶型織布機。

羅莎織出約二・五公分見方的藍色圍披時，雙手沒停下來過，臉上也一直掛著微笑。這件圍披的圖案精美繁複，完成後將拿到市集去賣。羅莎每件圍披約花兩、三個月完成，為了以更高價錢賣出自己的織品，羅莎會在周末搭乘大眾交通工具，在蜿蜒曲折道路上折騰數小時前往安地瓜，向觀光客和收藏家兜售圍披。羅莎晚上下榻於安地瓜一間宿舍，和幾位來自亞提特蘭火山湖周圍村落的婦女共用一個房間，家裡小孩則由母親看顧。羅莎希望一個月能賣出一件圍披，不織布時，就和母親、女兒一起編串珠首飾，增加收入。由於羅莎手藝精湛，一件圍披在安地瓜平均可以逾兩百美元售出，但若考量羅莎對每一件圍披投注的心力與時間，兩百美元其實不貴，但仍超出聖塔卡塔里納當地市集的標價。羅莎身為織布高手，精通已有數百年歷史的馬雅紡織技術，已將織品提升到藝術品的境界。她已開始教導女兒這項傳統技藝，希望能為未來世代保留背帶型織布機的手藝。

一整天忙著拜訪瓜國婦女，達科塔和羅伯特已飢腸轆轆，我們才離開羅莎家，兩人便從背包拿出雀巢脆米夾心巧克力棒，當作下午點心。巧克力棒彷若磁鐵，立刻吸引小孩圍攏，起先只有兩個小女孩，抬頭望著兒子的點心。兩人各給了小女孩一大口巧克力後，又有幾個不知從哪兒冒出的小孩圍過來。達科塔和羅伯特繼續分送手上的點心，不久之後每個小孩滿載而歸，巧克力棒卻化為烏有。

「孩子們，這是不是你們吃過最好吃的巧克力棒？」柯妮笑著問道。

兩個男孩都點頭同意。

我們每個人都感受到瓜地馬拉人的魅力，為之著迷。每次出國拜訪藝工，我一心想協助她們精進手藝、學習新知，往往花太多時間教導她們提升經營效率，協助她們分析成本結構，籌措原料來源，善用優惠窮國的貿易協定，掌握市場趨勢等等。在瓜地馬拉，我深受當地手藝品傳統吸引，幾乎忘了此行初衷是重新定調產品，讓產品更具西方色彩。我們來此是幫助坎姆．亞哈榭社區的產品打進西方市場，但她們反過來教導我們傳統與家庭的重要性，讓我們了解，老派做法不見得不好。我們的生活充斥高科技產品，加上終日忙碌，往往忘了傳統的重要，認為愈新愈好。家庭、社區有其優點，結合家庭與社區的傳統仍不容小覷。馬雅婦女透過織布維持牢不可破的社區凝聚力，並持續將這種社群文化傳給下一代。我和瑪麗麥可認為，一定要保存當地婦女的技藝，因為背帶型織布機與織布已成馬雅婦女的同義詞。我們希望藉由提供市場，讓馬雅的技藝與傳統繼續傳承下去。

我們跟著佛蘿拉拜訪她合作的藝工後，必須決定她們能為全球姊妹提供什麼產品、每位藝工的產能、每件商品的成本等等。我們第一天花在下單和定價的時間遠超出預期，過了晚餐時間很久才收工。我回頭翻閱產品照片再概略畫出草圖，這些照片都是我們參訪湖邊村落時看到的成品。我們在設計上下苦工，嘗試將當地婦女出色的紡織手藝與產品結合，讓產品可打入美國市場。在美國，我不認識任何一位會穿圍披的女子（雖然我自己買了兩件掛在家裡牆上）。柯妮除外，她會穿圍披出席特別場合。但我知道紡織呈現的品質與手藝的確能吸引顧客注意，也確保訂單能上門，只要這些手藝搭配的東西對了，產品就有賣相。手提包似乎是結合織布的首選，手環最適合瓜國婦女出眾的串珠手藝。我們不厭其煩仔細分析比對首飾的各種顏色，確保用對顏色。

我口中不斷重複著「Claro」（譯注：西班牙文，意為明亮或清楚），希望串珠呈現透澈、亮面的顏色，不同於非洲葛楚蒂提供的單色串珠。

我們待在瓜地馬拉的最後一晚，佛蘿拉親自下廚張羅晚餐，在友誼之橋辦公室的廚房準備道地的瓜地馬拉料理。她端出調味恰到好處的米飯，從湖中打撈的黑色鮮魚搭配烤南瓜。鮮魚上桌，端到達科塔與羅伯特面前，由於魚未去頭去尾，魚眼還盯著他們看，我有些擔心他們不敢吃，但兩人只是對我笑了笑，並在佛蘿拉示範如何剔掉魚骨後，立即開動。我盤上原先應擺魚的位置被半個新鮮的大酪梨取代，因為佛蘿拉很細心，確保我即使吃素，也能和其他人一樣吃得飽。這一餐彷彿在慶祝我們新結盟的合作關係。微額貸款人與公平貿易公司確實能結親，成為好夥伴。

我很佩服佛蘿拉靠著友誼之橋的貸款創業，經營小規模生意。也很欽佩瑪麗在友誼之橋成功轉換身分，從一開始的借貸者，被拔擢為受人敬重的信貸主管。不論從哪個角度看，她都是十足的職業婦女。尤努斯博士的想法沒有錯，貧窮婦女確實有資格貸款，也有能力成就一番事業。只要有人願意給貧窮婦女機會，她們就能展現實力與成就。一如葛拉敏銀行，友誼之橋不只是貸款機構，還進一步超脫框架，充當資金與市場接軌的媒介。此外，友誼之橋也成功結合教育計畫與微額貸款，站在最前線，教導婦女她們有資格貸款，有權掌握自己的未來與自己辛苦賺來的錢，有資格做夢，透過小額投資一圓過更好的生活之夢。尤努斯博士與約翰．哈契是我仰慕的對象，因為婦女如今能以微額信貸開創新人生，他們功不可沒。但我現在更崇拜瓜地馬拉的馬雅婦女，她們教會我傳統並非與進步背道而馳：坎姆．亞哈榭社區的婦女以傳統為工具，為社區帶來穩定的生計。

佛蘿拉、瑪麗麥可、柯妮、霍爾赫、吉姆、兩個男孩和我高舉冰可樂互敬，慶祝我們合作踏出成功的第一步。

海地

「我們相互收穫；我們事關彼此；我們彼此看重；我們緊密相扣。」

——關德琳・布魯克斯（Gwendolyn Brooks，美國詩人）

二〇〇九年一月，我和杜魯絲造訪海地，距離二〇一〇年重創海地的恐怖地震僅一年。海地被強震蹂躪之前，國際對它幾乎不聞不問。首先，我必須先聲明自己並非海地專家。為了姊妹共創社，我到過許多國家，扮演過多種角色，包括參觀者、觀察家、女性企業家、有心改變貧困婦女生活的志工等等。我只去過海地一次，至撰寫本書為止，未再踏上海地一步。但姊妹共創社積極投入海地災後募款活動，為海地籌措重建資金，也持續購買海地藝匠的手作品，協助他們重建被震垮的經濟。我對參與海地重建感到榮幸與自豪，但肩負海地重建工程的中流砥柱是海地人民自己，以及從旁協助的非營利組織，包括健康合作夥伴（PIH）和全球孤兒援助計畫（Global

Orphan Project）等等，是我見過最了不起、最有效率、最有成效的團體。此外，國際社會也責無旁貸，應和海地長期合作，支持海地重建計畫，協助海地成為更強、更好的國家。本章記錄了我拜訪海地的種種，以及姊妹共創社投資於海地女性的諸多努力。

愛無國界

杜魯絲聯繫藝匠援助聯盟（Aid to Artisans），安排海外採購行程。提姆鼓勵杜魯絲和我一起參加海地之行，大幅提高姊妹共創社和大善公司旗下點擊作慈善（Click to Give）對海地藝匠的採購金額。飢餓網販賣海地產品已數年，但金額小，種類也不多。此外，大善公司的採購員未曾親訪海地，實地接觸當地藝匠。姊妹共創社至今也未引介任何海地產品，我們此行就是要改變現狀。

全球企業為了獲利，考量設廠地點的條件包括：效率更高、勞動力符合成本效益、運輸和原料成本下降等等。進口國外產品的美國公司認為進駐地點必須利於營運，或者不乏免稅等誘因。海地向來不是有利經商的國家。二〇〇六年，美國商務部出版《海地貿易指南》，提供在海地經商以及與海地貿易的現況。指南點出與海地貿易的一系列挑戰：政府補助少之又少、政治動盪（威脅資本投資與產能）、港口費在加勒比海地區排名第一、交通基礎設施不足且殘破不堪。但這些挑戰並未讓姊妹共創社和大善公司打退堂鼓，反而吸引我們前進海地。我們認為，唯有增加就業機會，面臨種種阻力的國家才可能改善經濟。我們的團隊懷抱道德使命感與社會正義，前往人民與經濟都需要外人協助的國家。

我在大善公司的同事蜜雪兒．史克曼（Michelle Schectman）已兩度與阿富汗藝匠（大多為女性）合作，她的經驗證明，投資於最困難的國家不只大幅衝擊社會，也能增加藝匠和企業的經濟收益。蜜雪兒初次拜訪阿富汗後，一年下來，我們公司經手的阿富汗工藝品高達十五萬美元。販賣阿富汗工藝品的生意持續成長，也因為這筆買賣，一百多位阿富汗藝匠受雇，間接改善他們的家庭以及社區生活。

海地之行的第一站是塞卡拉梭（Cerca-la-Source）市郊的一個婦女組織，靠近保羅．法默（Paul Farmer）醫師創辦的ＰＩＨ旗下一間醫院。因為ＰＩＨ一位醫生引介，我和杜魯絲認識了這個婦女團體，她們希望能開發新產品，將產品賣到她們村落以外的地區。ＰＩＨ已在海地耕耘二十多年，提供醫療條件惡劣的海地一流的醫療照護，並培訓當地的年輕人，為醫生和護士挹注新血。大善公司和ＰＩＨ自二〇〇七年合作至今，大善的顧客透過「不只是禮物」捐款給ＰＩＨ，提供海地產婦衛生生育組合包、學童免費的營養午餐、防瘧蚊叮咬的蚊帳等等。因為這樣的合作關係，我漸漸了解ＰＩＨ在海地的種種善行，但直到二〇〇八年，西班牙巴塞隆納世界保育大會（World Conservation Congress）結束，我搭機返美途中閱讀了崔西．季德（Tracy Kidder）所寫的《山外有山：治癒世界的保羅．法默醫師和他的義行》（*Mountains Beyond Mountains: The Quest of Dr. Paul Farmer, a Man Who Would Cure the World*，譯注：中譯本書名《愛無國界》），我深受感動，決定透過姊妹共創社務必讓海地婦女得以在世界發聲，爭取她們的代表權。世界保育大會討論的議題包括水資源管理、森林濫伐，健康醫療、人的尊嚴等等，全是季德書裡每一頁著墨的主題。讀著法默醫師的事蹟，我升起強烈的內疚，心想姊妹共創社至今怎能還未伸出援手和海地婦女合作。我和提姆一樣，決定改變現狀。

飛抵首都太子港（Port-au-Prince）郊區的杜森盧維杜爾（Toussaint Louverture）國際機場，一下停機坪，溫熱的熱帶微風撲面而來。班機自邁阿密起飛，機上坐滿海地人，行李艙塞滿他們的手提行李，找不出一點空隙，我不禁慶幸自己將行李托運的決定，不過美國空安應該也不會讓我帶著五把銅製榔頭登機吧。

出發前往海地之前的兩周，我開始緊張不安，因為我對海地婦女團體的手藝與商品一無所知。我們即將合作的婦女團體位於塞卡拉梭，美國志工曾輔導她們製作飾品，不過除了志工捐贈的材料，她們能用的珠子與其他配件非常有限。我在網路搜尋有關海地的工藝品，發現美國境內幾乎找不到海地婦女製作的傳統工藝品。一些海地繪畫和油桶藝術在美國頗受歡迎，但多半出自男性藝匠之手。姊妹共創社通常負責設計，再請合作婦女應用傳統手藝把產品做出來，最後上網販售。但在海地的郊區，我們卻要教導婦女手藝與技術。因此，這次我和杜魯絲設計的訓練課程和以往截然不同，我們自己得先熟練某項手藝，才能傳授其他學員。我曾為婦女開辦各種商業培訓課程。姊妹共創社讓我深入了解成本、生產時間學、貿易協定、消費者安全權益、時尚、流行色系、進口品規格、出貨、行銷等等。在開發中國家，面對合作婦女，我能侃侃而談這些議題。

此外，我也信心十足地指揮合作藝匠，請她們微調作品的顏色或外型，讓傳統手藝品多些吸引力，迎合美國女性消費者的喜好。然而，這次卻要親自下海示範製作方式，對我可是全新考驗。幸好有杜魯絲，她和我不同，是個貨真價實的設計師。不僅對我是個重要資產，對我們即將協助的婦女也是個珍寶。

我們決定在出發之前，想好一些點子並備妥配件與材料。這次海地行主要是尋找能打入市場的產品，不管是在海地發現現成的手藝品，還是我們到當地傳授婦女手藝，請她們依樣畫葫蘆生產，兩者都是可行辦法。雖然理想情況是前者，不過我們不想空手飛到海地。所以杜魯絲收集了一些首飾製作書籍，最後決定主打玻璃珠手鍊與項鍊，請當地婦女模仿複製。我則向有雙巧手的姊妹共創社員工尋求協助，傳授我一些可帶到海地的手藝。瑪麗麥可、艾莉森、雪莉、艾莉莎立刻付諸行動，在網路上尋找靈感，並親訪附近精品店，希望找到適合海地婦女學習與製作的工藝品，這種工藝品既不能太難學習，也不需太多的配件，以免我們難以攜帶。艾莉莎建議金屬壓鑄，這下我只須攜帶銅鎚、壓鑄板與墜飾就可。完工的墜飾重量輕，易於運送。甚至可請來回於海地與美國的志工幫忙攜帶，直到我們替海地婦女想出可靠又可行的運送方式為止。前往海地的兩天前，我訂購一千美元的工具與配件，請商家隔天配送到辦公室。一切準備妥當，祈禱接下來一切順利。

佛羅里達飛往海地的班機只在早上出發。我無法一早從科羅拉多州飛往佛羅里達再轉機，因此我提前一天到佛羅里達，並在邁阿密的旅館下榻一晚。這是不錯的安排，畢竟我需要時間熟練金屬壓鑄的技術。一個人在旅館，一邊閱讀約翰．葛羅根（John Grogan）的《漫漫歸途》

（*The Longest Trip Home*），一邊匆匆解決晚餐，然後回房惡補手藝。我付費申請串珠教學網（Beaducation.com）金屬壓鑄的基礎課程，備妥工具，跟著筆電螢幕上講師的指示，敲打、著色、擦拭、鑽孔，最後裝上扣環，完成了我第一個笨手笨腳做出的海地墜飾。又練習做了幾個樣本後，時間已近午夜，其他房客可能以為這麼大的鎚聲搞不好是稍早施工的轟鳴聲。我小心翼翼收拾銅鎚、鑄板、字母模型、色筆等等，重新放進行李箱內，等到了海地，再拿出來與新主人翁見面。

飛抵海地，在行李轉盤處等了很久，終於拿到行李，但杜魯絲有件行李掉了。裝衣物的行李箱安然抵達海地，但另一只裝滿首飾設計圖、工藝品構想、樣品、配件的行李箱卻掉了。少了那只行李箱，我昨夜臨時惡補的金屬壓鑄技術更顯重要。現在手邊只剩一種工藝品可教，讓我心裡七上八下，萬一海地婦女不喜歡金屬壓鑄怎麼辦？更甚者，萬一她們樂於學習，但我們這些老師卻教的亂七八糟怎麼辦？

安妮・普雷蘇瓦（Anne Pressoir）是藝匠援助聯盟派來協助我們海地行的地陪。她開一輛三菱白色四輪傳動車，準備載我們離開太子港。駛離機場後，馬路兩旁的棕櫚樹和聯合國安全部隊，旋即被水泥建築、路上坑洞、小販、彩繪巴士、群眾取而代之。車子一路發出軋軋聲，揭開太子港一早的生活，熱帶陽光照耀下，搖搖欲墜的房舍、袋裝水（類似小孩喝的真空包果汁，只是果汁換成了水）、水果攤、一整排看不到盡頭的舊衣攤，一一出現在眼前。海地人民的生活看似井然有序，無可挑剔。儘管大家的衣著近九成來自美國好心人（Goodwill）或救世軍

（Salvation Army）等慈善團體捐贈的舊衣，但他們衣服白得發亮，衣褲也熨燙得一絲不苟，讓我不注意也難。

正向的能量

二〇一〇年海地被大地震重創之前，九百萬人口中，逾八成生活在貧窮線之下，五四%屬於極貧（abject poverty），意即活不下去的程度。根據地震前的統計數據，海地在聯合國人類發展指數一百八十二個受訪國家中，排名第一百四十九。人類發展指數是評估一個國家人民的發展程度，以及受教、工作、醫療照護等基本生活需求的機會。根據聯合國的調查，海地是西半球國家裡，唯一低度發展國家。在二〇一〇年海地的大地震，官方統計逾二十三萬人罹難，一百二十萬人無家可歸。天災肆虐讓海地雪上加霜。

海地政府估計，失業人口高佔全國逾半數的人口，但沒有一個人好吃懶做。雖然海地缺乏「官方」工作機會，但人民忙於非正式的工作。除此之外，藝匠援助聯盟以及二〇〇九年（和我們海地行同一年）才成立的一千個工作（1,000 Jobs）等非營利組織，提供人民商業訓練、行銷海地、吸引外商前進海地投資等等，希望增加海地就業機會。海地這個島國缺乏燃料等天然資源，必須仰賴進口。因為替代性燃料不足，被迫使用木炭，但過度仰賴木炭，導致中部高原的森林被濫伐。森林濫伐讓人民面臨更惡劣的生活條件，海地婦女的生活尤其辛苦。

沒有收入、燃料不足之外，海地人民也喝不到乾淨飲水。不論鄉下或市區，取水是海地人民每天都會碰到的難題。海地政府估計，約六〇％人民喝不到安全的淨水。有些人甚至每天得跋涉數公里才取得到水。在市區，政府在噴泉與水池裝設水龍頭，方便大眾取水，但不管窮人在哪裡拿到水，鮮少安全衛生，可以放心飲用。在太子港的貧民窟，因為房子蓋得亂七八糟，事前毫無規劃，因此即使附近找得到乾淨水源，也往往被居民的排泄物汙染。政府呼籲人民在水中添加漂白劑消毒，或至少煮沸後再喝，才能殺死水裡各式各樣的寄生蟲。但有些母親沒有錢買漂白劑消毒，也沒有錢買木炭煮沸開水，只好冒險讓小孩喝下不乾淨的水，結果感染痢疾、寄生蟲、傷寒、嚴重腹瀉，甚至脫水等症狀。根據美國國際開發署統計，每八個海地兒童就有一個在五歲前死亡，大多死於可預防的疾病，例如不乾淨飲水導致的腹瀉，或是因為飢餓、瘧疾而早夭。再者，每三名兒童就有一個長期營養不良。

儘管海地面臨諸多困境，該國仍保持一股對其有利的正向能量，首先要推崇它的人民。他們善良、聰明、勤奮、毅力驚人、不屈不撓、能屈能伸，帶動國家持續向前。此外，努力不懈的海地人和大善公司、一千個工作等團體合作，全力開發產業。第三，就我觀察，PIH扮演非常重要角色。PIH的初衷是所有人類不論生在哪裡、不論貧富，都有權健康地活著，有權對抗可預防的疾病，有權接受醫療照護。PIH在海地建立醫院、診所、照護站，體系之完善，讓其他開發中國家望塵莫及（若以每一塊錢的邊際效應計算，甚至可和美國頂尖醫療媲美）。強震之後，PIH推出行動診所，為無家可歸的海地災民把關健康。最值得一提的是，PIH擁有一流的HIV病毒／愛滋病醫治計畫，擔綱者幾乎都是當地人。PIH不只提供海地人民醫療服務，也訓練當地人成為專業的新生力軍，照顧自己的同胞。PIH關心全人類，而非只是生病的人。若有人因為挨餓、喝不到乾淨水、找不到棲身之所而生病，這時PIH不只治療病患的症狀，也幫忙解決貧窮這個病因。

前往坎蓋鎮（Cange）路上，我緊張又忐忑。坎蓋是《山外有山》書中的亮點，也是PIH在海地第一家醫院健康夥伴（Zami Lasante）的所在。出乎我意料之外，這趟路雖有顛簸，卻鋪了柏油。駛離貝利格湖（Lake Péligre）濱湖道路，過了坎蓋前往辛什（Hinche）途中，路況愈來愈差。有別於我在俄亥俄州老家外圍的鄉間碎石路，這裡的路似乎是用凹凸不一的河床石塊鋪砌而成，坑洞很深但乍看不出來。坐在駕駛座後方的我，裸露的手臂不斷擦撞車門上的塑膠扶手，手肘慢慢發熱刺痛，彷彿被粗糙的毯子來回磨蹭。我們在車內被晃得東倒西歪，宛如彈珠檯裡的鋼珠，在彈力條之間滾來滾去。杜魯絲努力坐直身子，避免撞到我，但兩人免不了肩膀互撞，再被狠狠甩到兩邊車門。因陽光反射，清楚可見路上揚起白色塵埃，隨著夜幕低垂，白塵變成薄霧。儘管天色已黑，人民持續在路上走動。對面遠山，看得見一排火光熊熊燃燒，火勢筆直衝上黑色雲霄。看著火燒山，隱隱聞到彷彿營火的味道，一切都是為了木炭而放火燒樹，惡化森林濫伐的問題。由於海地能用的其他資源嚴重不足，木炭作為燃料，需求量持續上揚。

坐了一天的車，我疲累不堪。感覺車子似乎正要穿過一條石子路，但擋風玻璃突然蒙上一層塵煙，原來前方的車輛停了下來，似乎發生什麼騷動。我和杜魯絲兩人不發一語，安靜地在車上等著，不確定該怎麼辦，也不知道發生了什麼事，漸漸地心生恐懼。一輛對向車突破重圍，朝我們駛來時，司機搖下車窗，用克里奧語問對方：「幾個？」

「兩個，」對方用法文答道。

在我們前方不遠，一輛彩繪巴士因為超載而翻覆，造成二死。彩繪公車是海地最常見的大眾交通工具，果農和菜農經常帶著大包小包的農作物坐在車頂，但今晚有兩名乘客永遠無法抵達目的地。道路從石塊路變成碎石路，頭重腳輕的公車喪失平衡而翻覆，我們駛過時還看到輪子轉個不停。

死者距離我們僅咫尺，悲痛震驚，車子經過出事的彩繪公車時，大家表情嚴肅，對死者默哀。我小聲為罹難者禱告，也祈禱我們安全到達中央高原的最大城辛什。雖然沒有顯著的迎賓牌子，但人群和建築物呈現的熱鬧市容，告訴我們辛什到了。辛什充滿活力，沿路聽得見音樂，看得到燈火，但我們下榻兩晚的醫院非常安靜。入夜之後的醫院與白天迥異，早上醫院會湧入兩百到五百名病患，排隊等著被十一位醫生看診。

吃完酥炸香蕉、在地美食、珍珠雞（我沒吃，這道菜專為吃葷的同伴準備），我們大家回房就寢。杜魯絲似乎不受頭上嗡嗡盤旋的蚊子影響，睡得香甜。我不顧高溫，把被子罩在頭上，試著進入夢鄉。明天是重要的一天，到塞卡拉梭還要再開數小時的車。

我極目望去，塞卡拉梭幾乎是一片荒地。早上我們開了三小時的車，結果還是迷路。在海地迷路是家常便飯，並非因為道路網複雜、岔路太多，而是在少數幾個叉路口，看不到路牌與指標。只要看到一群人，或見到有人聚攏談生意，我們司機就會下車問路：「這是塞卡拉梭嗎？」

多數人回以茫然的眼神。我們一直開到海地與多明尼加共和國交界的清澈河川，才發現開過頭了。

我們在河邊看到一群驢子組成的商隊，駝著超大袋的米（也可能是玉米粉），浩浩蕩蕩地越界進入海地。河水平靜，河岸樹木成蔭，很像科羅拉多州住家附近的景緻。我笑著想到丈夫布萊德，他熱愛釣魚，喜歡戴著寶麗來偏光太陽眼鏡（我戲稱魚雷眼鏡）在河邊垂釣鱒魚。司機在差不多一線道寬的小路上迴轉四輪傳動吉普車，路兩邊是一排的小吃攤販，似乎看上這裡人來人往的利基，靠賣小吃賺錢。我擔心可能趕不上時間，塞卡拉梭的婦女一大早就等著會我們。

終於接近塞卡拉梭，中央高原區慣見的泥塵、荒蕪漸被綠意取代，這是我們過了坎蓋鎮後首次見到綠意。目前是乾季，中部高原被白塵和枯木覆蓋，偶爾見到成群的簡陋房舍。有些用木頭和廢鐵搭建，有些是泥屋搭配茅草屋頂，有些用石頭砌成，有些是三種建材的綜合體。我們在一月中旬到訪，正好是缺糧的月份，所幸再過不久就是芒果季。四周種了許多芒果樹，正開著花，不久將結果。「到了芒果收成季節，大家都有東西吃。」司機笑道。

在塞卡拉梭外圍，人民正在整理農田和小菜圃。顯然因為鄰近水源，這裡充滿生氣，有別於其他遠離河川地區的死氣沉沉。接近社區教堂時，聽到歌聲，和我們有約的婦女就在教堂等著我們。總算到達目的地，我的心情雀躍不已，不再擔心要和她們說什麼，也不擔心首飾教程會有什麼結果。我一心只想立刻見到大家，開始此行的目的。塞卡拉梭意為：靠近資源，我覺得我們現在也朝希望之源靠近。

教堂裡，婦女整齊排列於長凳前，齊聲以悅耳的歌聲歡迎我們。一行人排成縱隊走進教堂內殿，坐進在內殿前端的白色塑膠椅上。約四十位女子與會，鮮少人面露笑容，但我和其中兩位婦女交換眼神時，她們回我一笑。課程正式開始前，婦女又唱了幾首歌，其中幾首是我聽過的聖歌，只是改為克里奧語。這群婦女團體以媽咪俱樂部（Club Mama）自稱，因為成員已為人母，努力攜手為孩子蓋學校。主辦人等不及想開始課程，動手學習手藝，但答應結束後要帶我們參觀隔壁的公立學校。海地政府的確設立公立學校，但學校設備、經費、師資嚴重不足。另外，學生自己得負擔制服與文具，一人一年的費用約十五美元，遠超過許多家庭負擔。

我和杜魯絲先對大家自我介紹。接著我向這群媽咪說明姊妹共創社的事業，如何努力和世界各地婦女（一如在座各位）結盟合作。我發給大家一份耶誕節商品型錄，讓她們瀏覽我們若干產品的照片，以及合作對象的背景簡介。我希望她們能走出偏鄉村落，成為更大團體的一分子，和世界各地的婦女建立姊妹情誼。以前和其他國家團體分享姊妹共創社的產品型錄時，她們對我們合作的女子心存好奇。藉由型錄分享，我想讓所有合作女子了解，她們並不是單打獨鬥，透過和姊妹共創社合作，她們和全球其他女性一起行動。

另外，我希望進一步了解媽咪俱樂部成立的來龍去脈。我請她們自我介紹，說明對哪種手工藝感興趣以及可貢獻的專長。她們反應靈敏、妙語如珠，輪流站起來報上自己的名字和代表的團體，我這才知道與會者的只是媽咪俱樂部兩百位婦女中的四十位。媽咪俱樂部由多個小型婦女團體合組而成，有些教育村民保健觀念，有些開設小型水產業，有些致力改善當地農業，有些專門下廚，有些做些手工藝，大家都是以母親的身分，致力改善社區與孩子的未來。此外，大家都想學會一項手藝，增加家庭收入。我對一位名叫賈桂琳的女子印象深刻。她當時站在內殿的後方，大聲描述她所屬團體的貢獻，並帶了一本冊子，裡面收錄她自己做的刺繡圖案和刺繡工藝品。我原以為會看到更多女子拿出自己的作品，但當天只有賈桂琳這麼做。

尋找人生

海地缺原料也缺市場。市面除了販賣農產與鮮魚，看不到其他商品，顯然這個國家沒有重視手工藝的傳統。天主教修女和傳教士曾在海地各地教導人民刺繡，但布疋及繡線等配料在海地非常珍貴，價格不菲，供應有限。海地人民收入並不寬裕，鮮少有閒錢從事藝術創作，不僅為了個人享受都難，遑論靠其賺錢。因此海地婦女不太會計算勞動與材料的成本，也不清楚太子港或國外的市場潛力。她們顯然需要外人協助，灌輸何謂供應鏈管理。賈桂琳的刺繡固然漂亮，但當地的繡線和布料貴得嚇人。布料是品質低劣的聚酯纖維，不受美國女性消費者青睞。我改問是否能在棉布上刺繡，但聚酯纖維似乎是附近唯一買得到的布料。因此我們又研究從太子港輸入布料的可行性，但往返海地偏鄉的運費太貴，成品定價恐怕高不可攀。金屬壓鑄項鍊仍是最易運送的產品。

快近正午，婦女們七嘴八舌地提問，熱烈交換意見。以米飯和豆類為主的午餐上桌之前，大家顯然已有共識，決定少動口多動手。我根據銅鎚的數量，在室內前端架起五張工作檯。每張桌子擺放了製作項鍊墜飾所需的完整工具組：一把鎚子、一個鋼墊、一組英文字母模型、一支夏比（Sharpie）麥克筆、一塊抹布、一個金屬打洞器、數個扣環、一把老虎鉗以及數個墜子。正式示範之前，我告訴大家：「我攜帶這些工具到這裡，讓妳們找到開始的起點。妳們能夠留下這些工具，若有人還要，我會想辦法幫妳們張羅。但這些不是妳們丈夫的鎚子，而是女人專用鎚！」大家爆出當天第一回笑聲。「工具是妳們的，別讓他人拿走。」

我們開始埋頭工作，一整個下午很快過去，過程中不難看出誰是媽咪俱樂部的指揮。一女子數月前曾接受志工指導，擅長製作首飾，負責項墜扣環的部分。另一位身穿國際婦女節T恤的女子，向大家示範如何平整地壓印字母。另一位則自動自發地幫大家把關品質，仔細端詳每一個墜飾並提供建議。我本來計畫墜子上印出「希望」（Hope）字樣。「希望在克里奧語的拼法是Espwa。」一位口譯員道。他一語點醒了我，沒錯，這點子不錯。藝工也偏愛希望，但她們想用克里奧語呈現，對她們更具意義。因此我們開始壓印「Espwa」字樣的項墜。

天色漸暗，學員帶著我們參觀隔壁的學校。我不是沒看過簡陋校舍，但眼前這棟卻是半邊已塌陷。學校僅兩間教室，第一間長三公尺、寬一．八公尺，由水泥磚砌成，最前方掛著黑板，但沒有窗戶與桌椅。我也沒看見粉筆、教材等等，完全空蕩蕩。第二間教室比第一間稍大，室內唯一採光借著後面已塌陷一半牆壁透進來。室內掛了兩條繩線，在中間交叉成十字形，絞繩上掛了已是千瘡百孔的黑色塑膠布充當牆壁，隔成四間教室。裡面一樣不見教科書、紙張、鉛筆、地圖等文具或教具。兩百名孩童在此就學，而他們已是能負擔學費的幸運兒了。這些小孩需要希望。

我不禁想起自己小孩的學校，到處可見繽紛的藝術創作、書籍、資源、科學教具、老師，全世界的孩子都應該擁有這樣的學習環境，我因此了解媽咪俱樂部的婦女和我一樣，都希望孩子過得更好，除此之外別無所求。

塞卡拉梭的婦女讓我留下深刻的印象。她們不只積極學習新技能，相信未來會持續精進手藝，想出更多新穎點子，只要市場願意接納她們。其實她們已開始摸索才剛學到的壓印步驟，利用我們帶來的材料反覆練習。她們也動手串珠子，討論各種搭配的可能性。離開教堂返回辛什醫院之前，婦女表示要再唱一首歌送我們，她們一開口，我立刻認出是讚美詩〈祢真偉大〉（How Great Thou Art），她們用克里奧語吟唱，我則以英語輕聲附和。歌聲令人感動，我請口譯員幫我對大家翻譯：「我相信我們所有人『皆受到庇佑，才有幸傳福音給他人』，妳們的存在是孩子的福音，也是社區和彼此的福音。能認識妳們，是我的福氣。」

我們回到太子港，在美侖美奐的旅館完成住宿登記後，安妮・普雷蘇瓦再度和我們碰面。數天前第一次搭車在市區穿梭時，沒看到任何不錯的區域，但佩蒂翁維爾區（Pétionville）的房子和旅館非常精緻，隱身在高聳磚牆與鐵鑄門之後。藝匠援助聯盟為安妮在旅館安排了一間辦公室，但她偏好往外跑，和援助團體一起打拚。強震後，藝匠援助聯盟在海地的作業中斷了一陣子，直到我們來訪才復工。我們是藝匠援助聯盟復工後的第一批參訪者，拚命地想在海地下單採購，藉此改善藝匠的生活。安妮帶領我們參觀太子港附近三家手藝品店；第一家主要賣金屬製品。第二家類似主題藝術館，主要商品是繪畫與巫毒藝品，老闆是美國僑民艾拉。第三家叫凱伊藝品（Kay Artisan），我們在這裡認識了西蒙。

店裡陳列許多別緻的海地手工藝品，包括紙偶、金屬藝品、貼滿亮片的瓶子、首飾、刺繡和貼布繡，顯見太子港首都區的手工藝品比鄉下地區來得多元與普遍。不過多數藝品出自男性之手，非常適合杜魯絲和大善公司的飢餓網採購，但我得繼續為姊妹共創社尋找女性製作的藝品，貼布繡和刺繡雖是女性製作，但布料和塞卡拉梭的賈桂琳所用的布料一樣，都是聚酯纖維。我也注意到西蒙的餐廳（手工藝品店隔壁的一間小咖啡廳）使用的桌布五顏六色，布料也是和一九七〇年代一樣的復古聚酯纖維。我小心翼翼地向西蒙提及此事，問她知不知道何處買得到棉布，她答道：「這已是國內最好的布料。這是海地版的喀什米爾毛。顏色繽紛，不易起皺。」但我擔心說服不了姊妹共創社客戶接受聚酯纖維布。

我向安妮透露，姊妹共創社的肥皂賣得很好，因此她介紹我認識實業家瑪蓮·阿列特（Marlène Alerte）。瑪蓮致力於將製作肥皂的興趣，轉為能提供婦女工作機會的事業。途中安妮兩度錯過瑪蓮的店面，我到了她的店之後才了然箇中原因。我們走進一條狹窄的走廊，沿路擺滿故障、布滿灰塵的電視機和音響，最後進入一間陰暗的房子，再走到地下室。我想安妮一定走錯了。地下室是一個電子產品維修中心，沒有窗戶，只在服務台上方掛著一盞燈泡。「瑪蓮？」安妮問道。

「這裡。」櫃檯後方有兩位女子，其中一位起身和我們問好。瑪蓮身穿白色棉質洋裝，繫了一條寬版黑色皮帶，以及一件黑色開襟針織衫，打扮清新自然。彼此寒暄之後，她帶著我們穿過放滿故障電視的走道，進入後方的房間。瑪蓮在維修中心的後頭有一間非常小的房間，牆壁粉刷成醒目的淡黃色，放了架子和一張小桌子，擺滿她親手做的手工肥皂，肥皂散發幽香。瑪蓮熱愛植物與園藝，激發她製作香皂的靈感，她自小向祖母學習園藝與做肥皂的技巧。「我想擴大事業的規模，教導並雇用需要幫助的婦女，但這些肥皂不易在海地找到市場。」我挑中六款香皂，各訂了五十個，作為起步。我原本想買更多，但瑪蓮認為三百個肥皂數量太大，員工恐吃不消，所以還是務實一點比較好。

接下來我們返回佩蒂翁維爾區，拜訪一位美國大使館職員的家。我壓根兒沒想到會在她家的地下室發現一家小型紡織合作社。凱文・琳・麥卡錫（Kevin Lynn McCarthy）是一位二十歲出頭的金髮女子，走路有點跛，約我們在大門口見面。凱文的母親任職於大使館，由於雙親從事外交工作，因此她多半在開發中國家生活。她曾就讀科羅拉多州州立大學，是我丈夫的校友。她在該校主修藝術，研究編織。現在和父母一起住在海地，結合編織的手藝與助人的熱情，說服父母同意讓她在寬敞的住家地下室成立一個女性合作社。凱文也非常關注環保，設計的一系列手提包和飾品，百分之百使用回收素材。她雇用的婦女會把洋芋片和餅乾的塑料包裝袋剪成細條狀，織成一塊塊的布。完成第一步之後，把一塊舊布襯裡貼在背面，再用超市裝蘋果、橘子的塑膠網袋加以固定。網袋與塑膠袋巧妙結合，極具創意。

凱文一跛一跛地走下水泥階梯，前往工作室。她告訴我們，六個月前她發生意外，尚未完全康復。當時她走在太子港附近凹凸不平的人行道上，突然掉進一個坑洞。她的腿傷得非常嚴重。

在海地將斷骨固定後，傷口出現感染，必須轉往美國接受手術與抗生素靜脈注射治療。「現在狀況已經好多了。」凱文向我們保證。

凱文帶我們參觀生產部門，一一介紹裁桌、縫紉機，以及包裝袋收集箱。三個女子如蜜蜂般忙碌穿梭，生產艾拉工藝店下訂的提袋。參觀完畢，我們靠近一張樣品桌，上面擺放拉拉包（Rara bags），名字源於在海地嘉年華登場表演的拉拉樂隊，演奏的手工樂器都是出自生活現成素材。凱文回收廢物再利用，為海地婦女創造就業機會，改變婦女的人生，她的所作所為充滿創意，開發的產品極受市場歡迎。不意外地，我下了訂單。

在海地的最後一天，我們拜訪一家位於貧民窟的賀卡生產合作社。司機載著我們鑽進愈來愈窄的巷弄中，一度進入只容得下一輛車通行的窄路。從通往機場的幹道下來駛入貧民區時，我注意到貧民窟對面正好是DHL快遞公司，心想這也許能讓這家合作社的出貨更容易。安妮指出，她之前經營的一家手工藝品廠就在轉角。當年安妮無畏當地幫派恫嚇，拒絕被對方敲詐，因此工廠和家產被不肖者縱火付之一炬。她未重建工廠，但不屈不撓的她很快站起來，恢復正常生活。

這家女子賀卡廠叫尋找人生（Cherche La Vie）。我們的車開到再也前進不了的路段時，賀卡廠一名女工席維娜．保羅（Sylvana Paul）帶著我們在東倒西歪的房舍之間彎來拐去，終於到達合作社出租的廠房。根據我的觀察，在貧民窟的小攤主要販售穀物袋、二手商品、木炭。我至少照了五張木炭攤的照片，以及一對父子買完一個咖啡罐的木炭轉身返家時的神情。儘管我非常反對砍伐森林這種破壞環境的人為活動，但有一股力量扯著我，強烈地偏袒那對父子，認為他們使用木炭這種「必要之惡」是不得不然。生活貧困的人能使用的資源有限。這裡大可以進口簡單的太陽能與生質燃料技術，改善窮人的生活與居家環境。

席維娜帶我們走入一條小徑，途中看見幾個男孩玩著石頭，女孩蹲在水桶邊，洗滌東西。一名渾身酒味的男子上前乞討，伸手碰我的臂膀，肩並肩貼著我而站。安妮噓聲將他趕走，轉個彎帶我們進入賀卡工坊。場地很陽春，擺了幾張塑膠椅和一個木夾板桌。女子們聚在裡面，向我們展示手上刺繡。席維娜將整袋的橡皮圖章倒在桌上，並拿出一個印台，讓我知道她們能繡哪些圖案，這時門外傳來一隻鬥雞的啼聲。女人們各拿著一小片繡好的布（無所不在的聚酯纖維），把布崁進壓著空白賀卡正面的木框內。老實說，我沒有非常喜歡賀卡的圖案，但我對這群女子印象深刻，也佩服她們在貧民窟發揮草根力量。通常我依據產品的市場性，決定下單與否。照此原則，這些卡片並非絕佳投資，但我想幫助席維娜和她的朋友。我心想，這次破個例無傷大雅，決定意隨心走，買下賀卡、聚酯纖維布料等等，所幸賀卡賣得比預期好。所有我在海地發現的產品和認識的團體，仍須改善品質與手藝才能繼續在市場生存，但這些婦女值得我們投以時間和金錢。

在海地找到幾個合作團體，除此之外，一切從零開始，從無到有創造婦女就業機會。強震過後數月，海地人民的生活及國內經濟發展必須重新開始，但也正因如此，提供重建工作者自由發揮創意的空間，追求渴望的夢想。我們不該因害怕而拒絕投資與冒險，現在該是投資建設海地的時機，將海地重建成海地人嚮往的海地：吃得飽、乾淨飲水、工業、就業機會、公共基礎設施、教育、乾淨能源、與世界接軌，協助海地邁向繁榮。

終於到了非洲

「經驗告訴我，幸與不幸多半不是因為環境，而是性格使然。」

——馬莎・華盛頓（Martha Washington，美國前第一夫人）

二〇〇九年四月，提姆前往烏干達拜會一棵芒果樹（One Mango Tree）的女性員工，其中一人是一棵芒果樹創辦人哈莉・波特芬（Halle Butvin）。二十九歲的哈莉是美國人，和提姆相識於洛杉磯禮品展。洛杉磯禮品展曾是全美精品店與量販店等買家的首選，但不巧那年碰上了一九七〇年代以來最嚴重的全球經濟衰退，會場買氣大不如前。哈莉選擇洛杉磯禮品展初試啼聲，準備一系列鮮豔的非洲蠟染布製成的手提包參展，希望這些由烏干達北部女子巧手縫製的布包能吸引顧客上門。可惜生意清淡，參觀者寥寥可數，詢問的買家更是少得可憐，哈莉只好坐在攤位後面的角落，為才開張營運的一棵芒果樹更新網頁，並規劃返回烏干達的行程。終於等到提姆出現在攤位前，他向哈莉詢問產品細節，並向她介紹大善、姊妹共創社等組織，兩人立刻結為好友。哈莉的工作夥伴是群才華洋溢的女裁縫，她們擠在烏干達古盧（Gulu）市集裡的一個攤位，縫製哈莉設計的提袋。提姆想認識這群女藝工。他和哈莉初識於洛杉磯，不到四個月便親自飛到烏干達了解一棵芒果樹的運作。

在古盧，這些女裁縫的手藝、產品、熱情好客的天性，在在讓提姆印象深刻。她們撐過了漫長艱辛的內戰，終於等到國家重見和平，再度恢復正常生活。在十英尺見方（譯注：約三公尺見方）的小空間裡，她們的生產力讓提姆驚豔，但提姆也擔心，一棵芒果樹的成長潛力會受限於狹窄的工作空間以及僅三台可用的縫紉機。提姆認為哈莉有幸認識這群難得的珍寶，可惜一棵芒果樹產品在美國市場太小，賺不到足夠資金做後盾，無法全力衝高一棵芒果樹的產能與營收。再者，產品品質儘管一流，但哈莉僅在古盧活動，顧客群以烏干達的外籍僑民、援助機構的工作人員、哈莉在美國的鄉親為主，無緣得到廣大消費者青睞。因此提姆建議哈莉和姊妹共創社合作，讓這群女裁縫打入更大的市場。

烏干達女裁縫

我近來一直設法和非洲女子搭上線，希望她們能為姊妹共創社縫製一系列有機棉服飾。在美國，非洲成長暨機會法（AGOA）上路後，嘉惠不少非洲生產者和美國進口商。根據該貿易協定，從非洲進口至美國的部分商品可享免關稅，因而提高美國進口商向非洲企業下單的數量。

其中一項免關稅商品是有機棉服飾。女裝是姊妹共創社最夯的商品，其次依序是包包、首飾、身體保養品、小禮品。我們的服飾主要由印度、尼泊爾兩國的女子團體縫製，但我打定主意，希望再和其他國家女子合作，請她們生產符合公平貿易的有機棉成衣，一來提高姊妹共創社在非洲的總投資額，再者也改善非洲女子的生活。我知道烏干達是非洲有機棉主要產國，因為在烏干達北部，棉花不僅容易栽種，病蟲害也少，因此用當地現成的自然耕法就足以防制大部分的病蟲害。當地農民對自然耕法駕輕就熟。噴灑化學除草劑與殺蟲劑耕地的棉花收成量，和使用自然耕法農地的有機棉收成量差不多。再者，消費者願意花稍多的錢購買有機棉。綜合上述原因，自然鼓勵了烏干達農民捨傳統種棉法而就有機栽種。

我知道，愛爾蘭樂團U2的靈魂人物波諾（Bono）是熱衷公益的慈善家，二〇〇五年他和妻子艾麗．休森（Ali Hewson）共同創辦伊甸園服飾（Edun），標榜使用烏干達有機棉，並以合理薪資雇用烏干達勞工生產伊甸園服飾，藉此促進和非洲的貿易，也幫助當地人民脫貧。有了伊甸園的先例，姊妹共創社當然也有機會在烏干達找到可合作的女裁縫，生產一系列用於公平貿易的有機棉服飾。提姆出發前往烏干達之前，我幫他打聽與聯繫一些可接洽的人士，請他替我在當地物色可合作的有機棉布供應商以及裁縫工廠。他考察後認為，坎帕拉（Kampala）的鳳凰有機（Phenix Organics）棉布廠，搭配古盧的一棵芒果樹女裁縫的手藝堪稱絕配，但是我們必須提供一棵芒果樹女工更寬敞的廠房。提姆和我通了幾封電子郵件，兩人決定排除萬難，協助一棵芒果樹開發服飾生產線，儘管一棵芒果樹既沒有工廠，沒做過棉衫，也不擅長出口大量成衣。之前在海地，我們也嘗試了不同的合作方式，指導當地女子學習全新的技藝。在烏干達，我們決定直接投資工廠與設備，這是全新出擊，也是第一次對合作團體許下如此堅定承諾。提姆告訴哈莉，我們會幫一棵芒果樹出租廠房、添購縫紉機，我也會親自前往烏干達，協助她們成立成衣生產線。哈莉對其提議舉雙手贊成，而我也開始規劃行程，打算親自拜訪一棵芒果樹的堅韌女鬥士。

經過兩天飛行，布萊德和我終於抵達烏干達，從飛機往下俯瞰，看見了彷如迷你模型的非洲世界，紅土路如蜘蛛網蜿蜒穿梭於房舍和農地之間。機場跑道旁邊的山丘上，白色石頭拼出恩德比（Entebbe）字樣，意味我們終於到了目的地，只是沒料到下機後看到的景色綠意盎然，截然不同於我對非洲的既定印象。過去幾周，我和肯亞奈洛比的友人蘇珊聊天多次，得知當地正飽受乾旱肆虐，心想烏干達的情況也好不到哪裡，畢竟烏干達和肯亞僅一國之隔。沒想到這裡遍布沃土與熱帶綠意。目睹此景，我心想，這裡不乏機會與可能，有一群了不起的女性等著我拜訪，嶄新的商品等著生產上市。

訪非之前，我和多數人一樣，對烏干達認識不深，僅知它是非洲內陸小國，包夾在非洲大陸最血腥的衝突之間，北鄰蘇丹，南接剛果民主共和國。一九七〇年代晚期，獨裁者伊迪·阿敏（Idi Amin）上台，暴政讓烏干達名揚國際（或惡名遠播）。阿敏生平被改編為二〇〇六年電影《最後的蘇格蘭王》（*The Last King of Scotland*），由佛瑞斯·惠特克（Forest Whitaker）與詹姆斯·麥艾維（James McAvoy）擔綱演出。除了阿敏，另一個狂人約色夫·柯尼（Joseph Kony）也讓烏干達蒙上汙名。柯尼是真主反抗軍（Lord's Resistance Army）首腦，在北部地區興風作浪，實施恐怖統治。他擄走小孩，逼他們當兵、做苦力、淪性奴，還把近百萬人趕出家園。柯尼於一九八五年成立真主反抗軍，打算以武力推翻烏干達政府。他相信自己能直達天聽與上帝溝通，並以此服眾自立為王。柯尼著手新烏干達建國計畫，建國綱領奠基於他對十誡的曲解以及阿酋利族的傳統。阿酋利（Acholi）是烏干達境內人數最多的部族之一。真主反抗軍以上帝之名恣意破壞、荼毒生靈，違反人權的暴行罄竹難書。它在北部地區的攻擊活動還波及鄰國，是非洲歷時最久的內亂之一。

非洲野生動物之美盡在烏干達。北有獅子、犀牛、豹、大象、水牛等五大獵遊野生動物；河裡抓得到重達四十五公斤的尼羅尖嘴鱸魚；南有活躍於崇山叢林的大猩猩。可惜長期內戰造成觀光業停滯，充其量只能說還在起步階段。我們的班機從倫敦起飛，雖然班機客滿，但大部分乘客的目的地是古盧，準備投入戰後人道救援工作，前來度假的遊客少之又少。

這些志工以年輕人為主，協助仍待在境內難民營的民眾。他們捲起袖子蓋學校、提供難民職能訓練、到孤兒院幫忙、幫忙鑿井等等。就讀大學期間，我一直嚮往到非洲當志工。而今我沿著班機階梯而下，內心波濤洶湧，難掩興奮，心想盼了這麼久終於踏上非洲土地。二十二歲那年，我被和平工作團所拒，因為當時涉世未深、手腕也不夠靈活，想不出到非洲的其他辦法。我不知該怎麼和眾多非政府組織取得聯繫，加入他們遍布非洲的援助工作與發展計畫。壓根兒沒想到可以直接報名參加旅遊，單槍匹馬勇闖非洲。但今天前來接我的哈莉．波特芬（Halle Butvin）卻做到了。

哈莉是個厲害的學生，努力摸索人生的方向，拒絕隨波逐流。她就讀俄亥俄州立大學，主修西班牙文學，研究所則改念都市計畫。畢業後，被中央情報局網羅並參加面試。在一連串資格審查之後，她覺得中情局與自己格格不入，毅然放棄甄試，在華府另覓工作。有天她在報紙的分類廣告上看到一個非營利教育機構在徵人，順利錄取擔任執行長助理。過沒多久，她的同事就發現哈莉擔任助理實在是大材小用。她很快被拔擢，進入合約管理部門，練就一身工夫，成為非政府組織領域的文書處理專家。她埋頭了解各國孩子的教育需求，同時漸漸對非洲起了嚮往之意。哈莉任職的機構在非洲推動許多援助與開發計畫，她研究專案內容，並將專案建檔，內心有個聲音慢慢萌芽：不希望自己只是替別人的報告建檔，她想親自站在非洲的土地上。

哈莉不甘只在辦公桌前處理文書，遂積極投石問路，希望跳槽到國際發展組織。但跟我當年被和平工作團拒於門外的理由一樣，她因欠缺國際發展方面的經驗，所以處處碰壁。她心裡明白，自己得先找到和發展相關的工作才行，所以報名參加全球青年非洲行動（Global Youth Partnership for Africa）主辦的活動，前往烏干達一趟。在烏干達三周期間，哈莉待過古盧和首都坎帕拉，深入了解烏干達北部的衝突。返美之後，滿腔熱血的她接受全球青年非洲行動之邀，帶領一群志工重返烏干達。二○○七年七月，哈莉二訪烏干達期間，受到幸運女神眷顧，在古盧的市集認識奧瑪．露西（Auma Lucy）。

露西是才華出眾的裁縫師，在市場擺了個攤位，生意興隆。她聰明、積極進取，是烏干達精明的生意人，但這全是後天所迫。露西和其他古盧居民一樣，因游擊隊真主反抗軍的暴行，人生徹底改變。此外，她的丈夫很久以前就拋下她和兩個孩子遠走高飛；其中一個兄弟因戰爭喪生；過沒多久，又一個兄弟因愛滋病離世。露西扛下養育兩兄弟遺孤的重擔，因此她需要照顧的小孩從兩人暴增到十三人。在美國，大家熱議的「三明治世代」須同時照顧小孩與上一輩的父母，這現象也如實反映在露西身上，她不僅要養育十三個小孩，還得照顧患有小兒麻痺的父親以及因中風而體力日衰的母親。全家的重擔壓在四十歲露西的肩上。哈莉在市集認識露西並請她縫製一些袋子，一開始露西認為哈莉不過是上門的新顧客，感激她讓她有生意做，但哈莉之後繼續下訂，要求露西縫製更多袋子，再裝箱運回美國，露西這才明白，哈莉是千載難逢的貴人，可協助她走出古盧，擁抱更大的市場。

我來烏干達就是協助露西、哈莉和其他女裁縫，讓哈莉的事業更大、更長長久久。姊妹共創社的年銷售額已遠遠超過一百萬美元，露西的袋子獨一無二、賣相也好，必定能成為我們公平貿易產品的新生力軍。我們協助哈莉在古盧郊區承租一棟有守衛站崗的大型房舍，讓女裁縫在裡面工作，並提供每人一台縫紉機，不久也將推出新系列的有機棉服飾。但眼前我們得先搭六小時車，從恩德比到古盧。恩德比位於非洲最大湖維多利亞湖的湖畔，該湖面積達兩萬六千平方英里，與烏干達、肯亞、坦尚尼亞等國家接壤。白尼羅河便發源於維多利亞湖，經古盧往北流至蘇丹。

布萊德從未跟我一起出國拜訪我事業協助的對象。老實說，他並不嚮往我出國的方式。他一直在背後默默支持我，我離家出國期間，他心甘情願待在家裡彷若船錨般穩定全家人的心。非洲是他唯一承諾會和我同行的地方，如果哪天我真的成行的話。

布萊德和我各付了五十美元辦簽證，直到護照蓋了簽證戳印，我們才如實感覺自己到了烏干達，並笑了出來。巴克萊銀行（Barclays Bank）顯然賣力想成為烏干達金融界的第一大，因為整個機場到處可見它的招牌和橫幅廣告，若事前不知道自己到了烏干達，很可能把恩德比機場誤以為是巴克萊國。在接機人群中，我一眼就認出哈莉，並非她是白人之故（入境大廳還有其他白人），而是我在臉書上看過她的照片，發現她跟我的死黨安長得很像，個性也非常熱情開朗。

哈莉高挑、纖細、又是金髮美女，非常清楚自己氣勢凌人的女王架式，我只有當聽眾的份。她滔滔不絕講起她落腳烏干達的始末，談及她的事業、瑜伽練習，以及姊妹共創社與大善替女裁縫承租的工作坊等等。她那雙長腿一馬當先，帶著我們步出機場，來到停車場。「我剛買了輛二手車，但我請朋友梅地充當司機，撿我們到古盧，這樣我們就可以一路聊到目的地。」哈莉一邊在人群中尋找梅地，一邊對我們說道。

當我聽到「撿」（pick），忍不住笑了，哈莉有些不好意思，稱烏干達沒人會說「接」（pick up）人至餐廳或機場。我樂得自己被「撿」。

梅地站在哈莉剛買的二手車旁，揮手向我們示意。這輛三菱帕杰洛是非洲常見的吉普車款。梅地為人熱情又友善，熱心地幫忙把行李抬上車。他英文不錯，穿著波士頓紅襪隊T恤、牛仔褲、頭戴棒球帽，跟我們美國人沒兩樣。他笑起來會露出缺牙。梅地和布萊德坐在前座，我和哈莉鑽進後座，方便我們在冗長的車程中閒聊並研商策略，布萊德差點坐上駕駛座，實在是還不習慣方向盤在右側的右駕車款。從恩德比到首都坎帕拉的四十五分鐘車程還算愉快，但接下來我們就塞在坎帕拉烏煙瘴氣的車陣中，公車、救援機構的大型卡車、汽車、嘟嘟計程車，爭先恐後從四面八方擠進狹小的兩線幹道。布萊德有些吃驚，一再問我印度大城或是瓜地馬拉市的交通是不是就是如此，因為我曾向他抱怨這兩國的交通實在讓人不敢恭維。我氣定神閒地說：「印度的交通更糟。」畢竟我已身經百戰，習慣了開發中國家城市塞車與空汙問題。

哈莉幾乎沒注意車速慢了下來，因為她心思全放在一棵芒果樹事業的願景，忙著解釋合作女性所獲得的服務。除了透過雇用賦予十七位女裁縫經濟力量，哈莉也答應幫每一位女裁縫的孩子支付學費，送女工腳踏車方便她們上下班，到古盧郊區的新廠工作，還供應免費午餐。她希望搭配姊妹共創社「不只是禮物」的活動，實現上述承諾。我答應和哈莉合作，但一棵芒果樹仍不是烏干達正式的非營利機構，因此有些不放心，雖然哈莉已有此計畫。此外，我也擔心一棵芒果樹的工作量與營收都還不穩定之前，一下子開這麼多支票給女裁縫，是不是太躁進了？我已從姊妹共創社的經驗學到，承諾工作機會以外的福利給受助女性時必須量力而為，要考量公司的營收，就連（尤其是）公平貿易公司也不例外。我了解哈莉的心情，知道她一心想把最好的提供給這些女性和她們的家人。但幾年前印度友人安妮塔（印度保育社創辦人）便一針見血對我說，我一個人不可能解決所有女人的問題。不過如果我可以提供她們工作機會或協助她們打開市場，日後她們就可以決定如何支配收入。

桃紅色的房子

我不得不承認，內心裡那個社工的我，欣賞哈莉為女裁縫提供工作之外更多福利的大願。她想辦法幫她們解決三餐、交通等每天基本需求，也照料她們小孩的教育。我佩服她對一棵芒果樹的規劃。她用意雖佳，可惜財務跟不上她的理想。姊妹共創社與一棵芒果樹的合作，攸關一棵芒果樹的永續經營，這點是我當初始料未及的。一棵芒果樹目前的訂單不穩定，時有時無，不足以讓女裁縫全職上班。一棵芒果樹需要穩定而持久的訂單，才能讓哈莉履行對女裁縫的承諾。

我清楚知道，若不先解決布料採購問題，一棵芒果樹的成長潛力永遠跟不上女裁縫的產出實力。姊妹共創社和一棵芒果樹合作的第一筆訂單是其歷來最大，但是我對布料有指定的花色與圖案，若裁縫買不到足夠的布料，恐讓訂單開天窗。因此如何湊足可應付大訂單的布料，成了亟需解決的課題。布料不足還會出現另外一個問題。某個布包若在姊妹共創社網站熱賣，可惜已找不到同樣花色的布料縫製，就算我們想再下訂也行不通。一開始和一棵芒果樹合作時，我誤以為一棵芒果樹布包所用的布料是道地的非洲製，心想就算不是烏干達製，至少也是非洲製。後來才明白，這些布都是中國製。中國相當了不起，不僅全面滲透美國的低價產品市場，也成功打入非洲偏遠地區。在坎帕拉與古盧市集所賣的非洲手工蠟染布料，全是中國製複製品。雖然還是可以找到一些從坦尚尼亞經維多莉亞湖進口到烏干達的蠟染布，不過和中國大軍壓境的廉價山寨蠟染布相比，量少價又貴。各位可能心想，這樣不是正好，有助於解決哈莉女裁縫缺布的問題，但其實不然。中國出口業者知道，非洲消費者偏愛多變的花色與圖案，因此推出符合這訴求的包裝。傳統非洲婦女買布時，偏愛四英尺見方（譯注：約一．五公尺見方）大小的布料，所以中國出口業者就出口這種大小的布，而且一袋包裝裡有好幾種花色與圖案。不過我們要的是相同圖案與顏色的布料，一次要訂幾百塊，讓中國供應商頗為頭痛。

為解決布料不足問題，我決定幫哈莉找到值得信賴的布料供應商，讓蠟染布包不至於斷炊，再替她找到有機棉布供應商，讓古盧婦女縫製姊妹共創社即將推出的新系列新服飾。不過除了布料問題，我和哈莉合作的第二個難題：運費，在她第一次交貨時浮出了檯面。烏干達是內陸國，沒有港市，也缺乏通往港市的便捷公路與順暢交通等基礎建設，因此我們唯有靠空運才能將古盧的產品運到美國。空運的費用一定高於海運，但哈莉向我們保證，她的商品適用非洲成長暨機會法，可享免關稅（商品進口美國時，美國政府會對進口產品課徵關稅），因此我答應她用空運出貨。不過收到第一批用DHL快遞公司送來的包裹後，發現裡面的布包不適用非洲成長暨機會法，加上DHL快遞費遠高於一般空運或海運成本，結果這次運費和關稅合計竟高佔訂單總價二五％。我們努力壓低運費，希望將運費降至訂單總價七％之下。

坎帕拉有一條直達古盧的公路，我們開上這條好得出奇的平坦公路（以開發中國家的標準而言），沿路上幾英里長的攤商讓我印象深刻。這些攤販什麼都賣，從瓶裝水、蔬菜到串烤羊肉，應有盡有。我認為這些攤商代表了兩個意義：一，烏干達可以種出不錯的作物，足以支持農業發展；二，至少一部分人民的手頭夠寬裕，足以讓他們在路邊擺攤賣東西賺錢。我最喜歡的一景是婦女沿路向司機與乘客兜售大如人頭的蘑菇，她們捧蘑菇的模樣彷彿手上是新娘捧花。此景固然賞心悅目，但我真替這些穿梭車陣叫賣的人捏把冷汗，擔心她們的安危。行人、腳踏車騎士、攤商、牲畜、公車、汽車、嘟嘟計程車、卡車等等，全在這又窄又小的路上爭道，每個人都覺得自己才是馬路的主人。行人會左顧右盼，確定自己沒擋到車子的路，但我們車子駛過時，我老覺得他們貼我們太近，差一點就會鬧出人命。開到半途時，我們在一處仿芝加哥期貨交易所的交易中心稍作停留，買些水解渴。交易中心裡，每個賣家都穿上前後印有大型數字的彩色夾克，買家則坐在車上或是站著向賣家比手勢，指定他們要的商品，接著賣家抱著商品跑到買家面前，雙方開始討價還價。坐在車上的我們沒有一人搞懂這套系統是怎麼回事，不過一致同意這套系統相當先進成熟。在坎帕拉的路上，我們被灰塵與髒空氣包圍，各個口乾舌燥，拿到沁涼的瓶裝水解渴，感恩不已。

剩下的車程彷若經典的電玩遊戲青蛙過馬路（Frogger），只不過把青蛙換成了車子。青蛙過馬路是我孩提時代遊戲廠商雅達利（Atari）設計的電玩，小青蛙想辦法穿越馬路而不被穿梭的汽車或卡車壓扁。而今場景換成坎帕拉的公路，我們試著不要撞上諸多路障，包括行人、腳踏車騎士、山羊、小牛，甚至從路旁樹叢竄出的野雞。車子準備過橋穿過尼羅河時，首次看到一家子的狒狒出現在河邊，在前座始終安靜的布萊德雀躍不已，拿出相機準備拍照。這座橋是唯一跨河連接南蘇丹首都朱巴和烏干達首都坎帕拉的幹道，當布萊德準備拍下美麗瀑布與尼羅河青綠色急湍等美景時，哈莉立刻對他示警，要他注意橋樑四周的武裝士兵以及禁止照相的警語。

我們抵達距古盧三十二公里的波比（Bobi），這是古盧區最大的境內難民營。一棵芒果樹訓練並招募出自波比和烏尼亞馬（Unyama）兩個難民營的女裁縫。兩個難民營的難民以阿酋利族為主，房舍是傳統的阿酋利圓頂泥房，密密麻麻擠在一起。這種簡單的傳統建築讓許多外國援助單位誤以為這些收容境內難民的難民營，狀況優於在飽受戰火蹂躪國家裡的帳篷難民營。不過實情並非如此。在原本自有的土地上，阿酋利每一戶家庭散居在數間小泥屋裡，因為阿酋利人採一夫多妻制，其中一間泥屋作為共用廚房，每房妻子和自己的孩子各自有自己的泥屋。儘管愈來愈多阿酋利人改信天主教，並放棄一夫多妻制，但仍保留大家庭模式，所以不會住在一間屋子，而是分住在好幾間泥屋。不過到了難民營，阿酋利大家族只能擠在一間小泥房裡。他們被迫離開自己的土地，既無法從事農耕，也喪失主要收入來源，只好靠人道援助救濟。一如其他難民營，這裡有嚴重的飲水和汙水排放問題，性侵、暴力相向更是家常便飯，婦孺往往是受害者。一棵芒果樹雇了五個來自波比的女裁縫，她們五人為了能就近工作，周間會住在古盧，共用一個房間。周一騎好幾英里的車從難民營到工作坊上班，周末再騎腳踏車回難民營。我佩服她們把握機會努力賺錢，但也擔心她們的小孩少了母親照顧。

一行人終於到達古盧。其實不難發現自己到了目的地，畢竟街道兩旁到處是非政府組織的招牌，包括關懷（CARE）的辦公室、聯合國世界糧食計畫署的配送中心，外加大大小小在烏干達北部進行人道救援的單位。我們經市中心的圓環，駛過在地人慣稱的廉價商店，那裡販售衛生紙、蠟燭、煤油、塑膠餐盤等日常生活用品。我們也路過當地唯一的咖啡廳拉倫咖啡館（Café Larem），這家咖啡廳的老闆是美國夫婦麗塔與賈斯汀・加森（Justin Garson）。他們以志工的身分來到古盧，但後來認為做些小生意才能實質幫助這個社區。他們的咖啡廳雇用在地人，並捐出部分收益給古盧的聖猶達（St. Jude's）孤兒院，作為院童的醫療照護基金。我們也經過市集，看到一大包一大包救世軍和大善募到的二手衣，這些二手衣不僅送到海地，也落腳於非洲。車子最後停在鎮郊的路邊，眼前是一道磚牆，金屬門用一道不怎麼牢靠的鏈條和掛鎖栓著，這就是我們新租的縫紉坊。廠區有兩棟建築，一棟在過去幾年不斷增建，另一棟是簡單的長形房舍，後面有兩間客房。在午後豔陽照耀下，這兩棟被漆成少女味十足的桃紅色房舍顯得更明亮。桃紅色在古盧並不稀奇，我覺得這顏色和純女性的縫紉廠堪稱絕配。以前姊妹共創社的辦公室曾被漆上覆盆子紅，所以我對這縫紉廠的選色頗有同感。縫紉廠遠離馬路，左邊是國際農業合作發展組織暨海外合作援助志工組織（ACDI／VOCA）的辦公室，負責糧食安全；右邊是一棟被炸毀的建物，曾是烏干達前獨裁者阿敏部隊的食堂。

工廠外面陽光普照，色彩明亮，讓人雀躍；工廠內充滿希望之光。進入工廠前門之前，會經過寬敞的露台，推開前門就進入工廠的主要生產中心（之前這裡可能是豪門的起居室）。十七名雇員中有十二人圍成半圓，坐在黑色勝家牌（Singer）腳踏式縫紉機前。縫紉機是老舊款式，靠著雙腳上下踩著腳踏板，帶動縫紉機的齒輪，因此無須插電。多數女裁縫偏好赤腳，方便掌控縫紉機的速度。在前門左手邊有一張裁布的大桌檯，每一個布袋都得先在這張桌子依版型裁好布，再將布送到縫紉機，靠女工巧手縫製成袋子。裁布檯上方掛了一個類似教室用的黑板，上面寫著裁布步驟、縫製圍裙的要點、當天工作項目等。正在工作的婦女用笑靨和熱情迎接我們，但她們並未起身，而是續坐在縫紉機前，以示對手邊工作的認真與投入。我注意到一張小臉藏在一位女子的裙子後面，偷偷探出頭瞧著我。她年約兩歲，兩眼淚汪汪，好像發燒了。「她感染了瘧疾。」從我身後冒出一個陌生的聲音。

出聲者叫做希拉蕊．戴爾（Hilary Dell），就讀於美國俄亥俄州肯特大學，擅長設計，在這裡擔任實習生。另一個女孩叫賽哈爾．夏（Sejal Shah），年僅十七歲，熱愛冒險，在古盧實習三周。兩人從生產中心後方的客房走出來。「今年春天這裡瘧疾疫情非常嚴重，」希拉蕊接著說：「所幸疫情已經趨緩，只不過這可憐的孩子沒能逃過一劫。」

我曾和希拉蕊通過幾封電子郵件。她在這裡負責服裝設計、繪製圖案與花色，她也負責訓練當地婦女縫製姊妹共創社即將推出的全新有機棉服飾。希拉蕊六月就到了古盧，預計待到八月底大學開學前一周，才飛回美國繼續大四學業。我們一行人匆匆結束參觀，將行李放在三間客房的其中一間，接著經人介紹認識了廚師米莉，她每天為女裁縫張羅午餐。我、布萊德、哈莉，各從米莉手上接過一大碗飯，上面配了高麗菜與青豆，三人將就坐在堆放錢包與服飾的地上，吃著午餐。工廠開工短短三周，但我感覺這裡有股神奇的凝聚力。過去，這些婦女只能擠在市場攤位裡縫縫補補，現在不僅有生產工具，還有個安全的避風港，在這裡交友、接受培訓、吃免費午餐、賺些收入、重建尊嚴、重燃希望。

工作讓人點燃希望

訪談每一位女裁縫後，發現她們的際遇既感人又勵志。相較於這群女子驚人的潛能與工作表現，出貨、尋找布料、提供額外福利等，似乎不是太大的難題。這地區被真主反抗軍恐怖統治期間，數不清的年輕女子慘遭搶劫、強姦、虐待、奴役。阿凱羅．帕梅拉（Akello Pamela）是眾多慘遭真主反抗軍魔爪凌虐的女子之一。她道出自己曾被「連根拔除、被人遺忘」。她年輕、聰穎，因為懷孕不得不中斷學業。獲得在一棵芒果樹工作的機會，她學會裁縫、經商、儲蓄，甚至電腦操作。另一名女裁縫雅柏．葛雷絲（Aber Grace）得單獨扶養七個孩子，被迫落腳於波比難民營已五年，直到在一棵芒果樹接受裁縫訓練後，才得以搬到古盧，離開擁擠的難民營。我訪問烏干達時，她才在新廠房全職工作三周而已。女裁縫雅沃托．瑪格麗特（Awoto Margret）在烏尼亞馬難民營已生活十三年，那裡擠了兩萬多名難民，資源嚴重不足，少得可憐。衛生條件是最大隱憂，其次是傳染疾病、家暴以及酗酒。黃熱病、腹瀉、瘧疾、愛滋病等疾病，是難民每天要奮戰的課題。醫療資源在此少之又少甚至沒有。四十四歲的雅沃托和丈夫約翰帶著四個孩子好不容易離開難民營，在距古盧約十公里的一塊空地上蓋了屬於他們自己的陽春小屋。現在她每天開心地騎十公里的車到一棵芒果樹上班，每次往返都會經過烏尼亞馬難民營。

大半個下午，我們待在工作坊和婦女聊天，了解她們的手藝、遭遇與生產現況，然後前往古盧市場，和久仰大名的露西碰面。在一棵芒果樹工作的每個女子都曾受過露西訓練與指導，才有今天的技能。露西是幫助這群婦女重生、維持生計的關鍵人，因此我迫不及待想見她一面。古盧市場彷若迷宮，鐵皮屋櫛比鱗次擠在狹小的空間裡，泥巴路與坑窪蜿蜒穿梭於市場裡。這裡偶爾會淹水，有一次地下糞水漫淹到地面，整個市場臭氣沖天、危機重重。這市場是古盧的活動樞紐，在這裡你可以買到所有你需要的東西，從衣服、餐具到食物樣樣俱全。大部分商品堆放在水泥磚搭建的小攤商裡，有些則放在戶外，靠木棍與防水布搭起的棚子遮風擋雨。食品市場是一整排的露天棚子，棚頂用鐵皮搭建，棚下擺了木製桌子，婦女圍著桌子四周席地而坐。因為是露天，她們用小雨傘遮陽，保護她們也保護商品。這裡的新鮮蔬果不輸巴黎穆菲塔街露天市集（Rue Mouffetard）販賣的蔬果。進入一望無際的魚乾區時，我忍不住反胃，不得不用襯衫一角遮住口鼻，否則撐不了全程。

露西依舊待在兩年前七月哈莉發現她的小攤位裡，正在一邊縫紉一邊聊天。露西不是鎮上唯一的女裁縫。早先為了幫助真主反抗軍的受難者，數個非政府組織至少教導了當地一百名婦女縫紉、裁衣等技能。而今我粗估，市場內至少二十五個非食品攤位中，逾一半以上是裁縫攤位，顯見競爭非常激烈，畢竟這裡生意清淡，女裁縫供過於求。除了和同業競爭，女裁縫也必須和大軍壓境、在古盧街道兩旁販售的舊衣搶生意。儘管如此，露西似乎還是有接不完的生意。哈莉委託露西縫製新租廠房所需的床單和窗簾，並雇用露西擔任新廠房的首席裁縫指導老師。哈莉原本希望露西收掉在市場的攤位，全職到工廠上班，但露西對擁有自己事業引以為榮，加上生意蒸蒸日上，因此想繼續和哈莉合作，同時自己當老闆。我完全能理解露西想自立門戶當個獨立女企業家的想法。

許多障礙阻撓非洲經濟發展。比如說，烏干達是內陸國，沒有任何港口。為了將訂貨送往肯亞蒙巴薩（Mombasa）之類的港市，必須先穿過國界，並支付天價般的貨運費。此外，貨運司機一路上還得應付落後的基礎設施、奇差無比的路況。若改用空運，成本幾乎是海運的十倍。種種挑戰讓非洲產品的價格居高不下，根本無法和中國、印度等國家競爭，後者擁有豐富的原物料、低價勞動力、港口多等優勢。

哈莉也有她自己待克服的挑戰。她必須待在烏干達才能協助一棵芒果樹順利運作，但她若一直待在烏干達扶植一棵芒果樹，就無法在美國行銷產品。一棵芒果樹一定要爭取美國市場，才能為古盧婦女創造更多工作機會，這正是姊妹共創社英雄可用武之地。不過我一直擔心姊妹共創社變成任何一個合作對象的最大金主。和大善公司合併前，我最大的隱憂是萬一隔天我被車撞了，誰能接手我帶起來的團體？或是繼續支持我合作的對象（我是這些對象的最大客戶）？而今姊妹共創社成為更大組織旗下一分子，我不再是唯一的靈魂人物，今後無論有沒有我，這些婦女的市場都不會斷炊。哈莉是美國公民，計畫在烏干達住幾年，並無長住之意，因此她必須確認，為了幫當地婦女做些小生意而成立的一棵芒果樹，即使沒有她，也能正常營運。哈莉找到露西，開始一棵芒果樹的出口事業，我衷心希望她能幫助其他阿酋利女性走上經濟獨立，進而讓一棵芒果樹事業在未來幾年繼續發光發熱，不管未來她人在哪裡。

前一晚我和布萊德躺在蚊帳裡，聽著遠處依稀的鼓聲與音樂，一夜輾轉難眠。翌日，我和布萊德在露台與哈莉、希拉蕊和賽哈爾會合，然後一起前往古盧市。我們的第一站是拉倫咖啡館，這裡空間不大，但可以上網，因此吸引許多人道救援組織的工作人員上門。吉漢．德．西瓦（Gihan De Silva）也開車來和我們會和。他是鳳凰有機棉布廠的業務代表，利用周末從坎帕拉開車過來和我們一起商量布料採購事宜，同時也拜訪一棵芒果樹的女裁縫。鳳凰有機提供環保品牌伊甸園服飾烏干達產製的有機棉。一如姊妹共創社，伊甸園服飾也是營利的社會企業，希望透過雇用，幫人重建尊嚴，創造更多機會。伊甸園是另一個實例，顯示企業該如何投資於飽受貧窮之害的人民與地區，提供可增加收入的就業機會，拓展海外市場，生產符合時尚潮流又兼顧廣泛社會意義的商品。伊甸園不斷茁壯，不僅與非洲合作，也將觸角伸向祕魯、印度等低收入國家，不過非洲仍然是伊甸園主要貿易對象。伊甸園成立宗旨有四：尊重生產商品的人；尊重生產商品的社區；尊重商品所用的原料與所用原料對環境的影響；尊重身穿伊甸園服飾的消費者。靠著我對伊甸園的研究，認識了吉漢與鳳凰有機，請他們供應一棵芒果樹產自非洲的認證有機棉，然後靠著古盧女裁縫協助，將棉布變成成衣。

我們點了幾杯拿鐵、佐花生醬的薄餅（像中東的披塔口袋餅或墨西哥捲餅）、優格鮮果百匯等，然後埋頭苦幹，討論產品定價和銷售計畫。對一棵芒果樹而言，訂定全新產品的售價是當務之急。一棵芒果樹的女裁縫認識哈莉之前，只會縫製提袋，和哈莉合作之後，提袋多了設計感，不過提袋的售價是根據每個裁縫貢獻的勞力而定。成衣的定價則另當別論，得考量運費成本，諸如鳳凰有機將棉布運到古盧的費用、成衣運往恩德比的運費等。此外，還得包括原料成本、空運費、出口證照費、聘請專員訓練女工將棉布裁製為針織上衣。至於最重要的支出：女工的工資，我們得確保薪資夠她們應付生活開銷。三十一歲的吉漢五年前曾協助斯里蘭卡三星（Tri-Star）公司成立擁有完整生產線的製衣工廠。他不吝大方分享老道的經驗，指點我們如何替新成衣制定一個公平又符合成本效益的定價公式。布萊德一上午聽夠了有關女裝的種種，決定到咖啡館外觀看一群孩子在泥地上踢足球。（孩子們一步步趨近圍著他，最後大家打成一片，坐在泥地旁的水泥階梯上。目睹此景，我不得不藉故離席，拍下珍貴的畫面。）

離開咖啡廳後，下一站是瓦沃托卡瑟（Wawoto Kacel）合作社的店面。瓦沃托卡瑟在阿酋利語意為：同行。這個工藝合作社成立於一九九七年，成員是一群感染愛滋病毒的烏干達婦女，幸得烏干達非政府組織金邦尼撒馬利亞人古盧分會（Comboni Samaritans of Gulu）、義大利善心撒馬利亞人（Good Samaritan）等機構協助，合作社順利開張。古盧的店面販售她們自製的產品，包括串珠首飾、手織桌墊、香蕉纖維藝術賀卡等等。不過，我們不只想參觀產品，也想認識這些女藝匠，因此哈莉詢問店長，該怎麼走才到得了合作社的工廠。對方說了一大串，讓人聽了霧煞煞，哈莉乾脆招手找了輛嘟嘟計程車，請店長告訴司機怎麼走，哈莉坐上嘟嘟車後座，我們尾隨在後，一路開到工廠。

幸得非政府組織協助，瓦沃托卡瑟合作社女子今天的成就著實了不起。古盧區曾被戰火肆虐二十二年，強暴成了戰爭慣用的殘酷武器，導致當地愛滋病毒迅速蔓延，感染率遠高於烏干達其他地區。合作社的幾位創辦人因為染病無法繼續在田裡從事費力的傳統農作，因此向金邦尼撒馬利亞人求助。後者認為，疾病讓人變窮，但工作可點燃希望，於是成為她們的合作夥伴，協助壯大合作社。十多年下來，該合作社雇用一百五十多名員工，共有六個生產部門。合作社共有三棟房舍，裡面每個隔間都很寬敞，每個隔間都有一個加了頂的長廊直通大院子，以及一棵可遮陽的大樹。我們一行人抵達時，所有繡工都坐在草地上一邊工作一邊聊天。我們參觀了各個部門，包括刺繡、裁縫、紮染、織布、串珠、賀卡等六個部門。

我和布萊德所到之處，不論在瓦沃托卡瑟合作社還是古盧，每個人都一臉開心：友善、面帶微笑、日子似乎無憂無慮，難以想像這些人曾經歷真主反抗軍戰火的荼毒。阿酋利人的韌性讓我由衷敬佩。他們待人親切又熱情，回應別人的問題與問候，總是用「你太客氣了！」結尾。周日，露西的姪女普莉斯卡請我們到她家吃晚飯，讓我們體驗到何謂賓至如歸。

烽火下的女子

普莉斯卡和露西一樣，在一棵芒果樹成立之初就在此擔任裁縫。她速度不快，但講究慢工細活，人聰明又伶俐，是一棵芒果樹其他女性的榜樣。一棵芒果樹工作人員多半是單親媽媽，得獨力扶養好幾個孩子，生活辛苦。普莉斯卡已婚，育有三個孩子，工作表現讓人放心。一棵芒果樹幫她在巴克萊銀行分行開了一個儲蓄帳戶，她開始為孩子的教育費用、增建住家，以及全家人的未來積極存錢。普莉斯卡不僅做好自己份內的事，也樂於指導其他裁縫。任何一個新手裁縫若碰到難處，普莉斯卡不會只用口頭指點，而是坐在那人身邊，親自示範，直到對方明白正確的做法並重拾信心為止。普莉斯卡力爭上游，成為頂尖的員工、一流的母親、賢慧的妻子，以及同仁最好的朋友。

普莉斯卡和丈夫查爾斯擁有一塊地，位於直通古盧地區最大天主教堂的路上。一開始，夫妻倆在自家土地蓋了一幢阿酋利式的傳統圓頂小泥屋，屋頂覆上稻草，至今那棟泥屋仍充作普莉斯卡的廚房。後來，兩人攢了點錢，查爾斯另外蓋了一間較現代的泥屋，屋頂改鋪鐵皮，還添購了一台發電機。一家人搬入新家，屋內隔成兩房，牆壁漆上漂亮的綠色，牆底則仿造底角板以棕色漆收邊。查爾斯繼而又蓋了一屋，雖然陽春，卻是更耐用的磚房。夫妻倆手頭一有餘錢，就拿去買磚塊。目前已砌好幾面牆，還剩幾面仍在施工中，而且尚未安裝窗戶、門片與屋頂。因為房子距離完工尚有一段日子，地面竟長出玉米桿和野草。房子已蓋了一年多，倘若一切順利，可望再一年就能落成。

普莉斯卡歡迎我們進屋，端出茶水和剛做好的薄餅，讓我們先打打牙祭，她則下廚料理雞肉和蔬菜。她三個可愛的孩子也在家，分別是八歲的辛西亞、五歲的艾塞克與三歲的葛瑞提。三人坐在門邊鋪著墊子的地上，張大眼睛看著三個白人阿斗仔。我拿出女兒艾莉和凱莉安塞進我行李的貼紙與毛根條，分送這些小孩。沒多久，我們便動手做起勞作，用毛根條折出花朵與動物。

查爾斯下班回家，孩子們一見到他，臉都亮了，一擁而上抱住老爸。查爾斯坐下後，葛瑞提挨坐在他的大腿上。為了調整機上盒（電線連到屋外的發電機）訊號線，他暫把小女兒抱離大腿，接著打開屋裡的小電視機。我突然發現，查爾斯怎麼和布萊德這麼像，也和大多數美國男人沒兩樣，下班回家後就窩在椅子上看電視。古盧區沒有電視台，但查爾斯收藏數量可觀的錄影帶。「喜歡音樂嗎？」他問我們，同時把一捲帶子放進播放機裡，畫面出現烏干達在地的音樂錄影帶。

小孩跟著歌聲唱唱跳跳，大部分都是英文歌詞，沒多久附近其他小孩聞聲聚攏在門外，隔著蕾絲門簾向屋內探頭探腦。查爾斯見狀，邀請所有人進屋，我也拿出更多貼紙、毛根條分送這些孩子。播到第三首歌曲時，查爾斯突然起身，按下快轉鍵：「這首太傷感了，不適合小孩聽。」他解釋。

「這首歌是《烽火之子》（*War Child*）嗎？」我問道，之前瞄了螢幕右下角顯示的歌名。

「你知道這首歌？聽過《烽火之子》？這首歌很悲傷，但很寫實。」查爾斯搖頭道，一面快轉到下一首比較開心的歌。「這首歌很棒，非常好。」接著便隨歡樂的歌聲搖擺起來。我不忍心向他透露，自己其實不知道《烽火之子》這首歌，只是在螢幕看到歌名便立刻猜到和古盧的小孩有關。

充作廚房的泥屋只有一扇窗戶，牆壁也維持泥土原色，所以很暗。普莉斯卡抓著雞，放在跟地面幾乎齊高的炭火上烤。席格幫忙挑出混在米粒裡的碎石礫，再下鍋將米煮熟。哈莉笑著看我一眼，然後請普莉斯卡暫時放下手邊事，出來談談。

我對普莉斯卡工作上的領導力印象深刻，哈莉也有同感，因此我們一致認為，普莉斯卡夠格出掌一棵芒果樹在古盧的分部。哈莉多數時候都待在坎帕拉，因此不在古盧期間，亟需一位代理人。視察一棵芒果樹的生產流產後，我非常擔心少了品管經理，產品可能出問題。相較於服裝，提袋多少可以有些變化，但服裝的規格必須一致。一旦一棵芒果樹開始生產姊妹共創社訂購的服裝，我必須確認產品規格一致，不會參差不齊，所以一定要有人幫忙把關。姊妹共創社服飾的主要客戶全食超市希望產品水準一致，才能放心賣給消費者。實地觀察普莉斯卡的工作表現，加上他人對她領導力的評論，我心想，她就是品管經理的不二人選。不過哈莉覺得，普莉斯卡可能想繼續裁衣，不想全職擔任品管與培訓員，於是我們決定動之以利，端出令人心動的薪水，抓住這難得的聚餐機會說服她。普莉斯卡興高采烈地接受提議，這下她另一棟磚房說不定不到一年就可落成。

老實說，找一棵芒果樹合作不是沒有不安。這是姊妹共創社第一次直接投資另一個事業體的工廠和硬體設備，並向對方保證每年下單的金額。這種合作模式就連對提姆以及大善公司都是首次嘗試。我們的角色一下子從行銷商變成製造商。雖然我們一向全力支持合作的女藝匠，但訂單多寡得由每一個合作團體的產品銷售成績決定，所以從未承諾對方每年會訂購多少金額。這次我們向哈莉和女裁縫保證每年至少進貨五萬美元，並提供她們新穎、先進的包縫縫紉機，用以生產我們所需的有機棉上衣布料。此外，我們盡全力讓一棵芒果樹產品走進全食超市等和姊妹共創社合作的一流零售商。儘管是頭一遭，但是能進一步承諾古盧地區的女裁縫，我們覺得這不失為正道，因此義無反顧。對一棵芒果樹十七位女裁縫而言，童年飽受無情烽火荼毒，而今她們長大了，我衷心希望她們能漸入佳境，了解自己身為女性、雇員，乃至人類的潛能。我感謝哈莉願意冒險一搏與我們合作，不離不棄帶頭勇往直前。我也由衷感激露西和普莉斯卡以身作則，向烏干達其他女性示範職業女性的角色。

普莉斯卡把烤好的雞用水滾過再下鍋油炸，讓雞多了特殊美味。布萊德在非洲吃過多種雞肉料理，只對這道菜讚不絕口，直誇是這趟非洲行吃過最美味的一餐。普莉斯卡還準備了通心粉、米飯、蛋包，也端出一盤叫波克（bock）的青菜，外觀類似菠菜，而非亞洲的清江菜。飽餐一頓後，我們一行人向普莉斯卡、查爾斯道別，也準備向古盧說再見。離去前，我們夫妻和主人一家合照。對著鏡頭的那一刻，我發覺我們兩家人實在很像：雙薪家庭、育有三個孩子（都是兩女一男）、懷抱理想、希望家人過得更好、希望家人有更多機會等等。他們為自己與小孩擘畫的人生和我們沒兩樣，無非和平、富足、一家人相親相愛。

遠走天涯

「未來屬於那些相信夢想之美的人。」

——愛蓮娜・羅斯福（Eleanor Roosevelt，美國前第一夫人）

搭機離開烏干達前往肯亞的首都奈洛比，感覺自己勇闖非洲的心臟。提到非洲，大多數人想到的是肯亞人民和肯亞的野生動物。我當然捨不得烏干達，尤其難忘和女裁縫共處的點滴以及在普莉斯卡家的時光，不過儘管捨不得離開烏干達，但想到即將和肯亞的姊妹們面對面，興奮之情大於離情。

計程車司機法蘭西斯載我們離開喬莫肯亞塔（Jomo Kenyatta）國際機場，這時布萊德發現一隻長頸鹿站在空曠遼闊的草原上。「我覺得牠好像是接待遊客的觀光設施。」布萊德揶揄道：「也許肯亞人用鐵鍊把牠拴在那裡，按時餵飯。」無論這隻長頸鹿有人養還是野生，都是盡責的觀光大使，歡迎我們這種初次拜訪肯亞的觀光客。快進入奈洛比時，路上交通開始壅塞，為打發時間，我看著窗外的景色。沿著高速公路兩旁，可以看見相思樹上的巨鸛（送子鳥）在築巢。布萊德與我看到大批年輕人，下班後離開工作崗位。不同於烏干達首都坎帕拉，奈洛比街道兩邊至少還有人行道或是泥土走道，行人不會和車輛爭道，因此少了亂象。相形之下，奈洛比的交通較有秩序，城市規劃也更周全。

車輛因交通打結，陷入車陣動彈不得，司機紛紛關掉引擎，藉此省點油，法蘭西斯也跟著將車熄火。我受不了龜步前進的速度，忍不住問他：「法蘭西斯，奈洛比的交通一向這麼塞嗎？」

法蘭西斯也對塞爆的交通充滿無奈，忍不住埋怨：「都是你們柯林頓夫人害的。」他接著繼續抱怨，肯亞政府為了迎接美國國務卿希拉蕊參與奈洛比舉辦的第八屆非洲成長暨機會法年度大會，在全市廣設路障，並封鎖市內部分幹道。非洲與全球領袖齊聚一堂，商討如何繼續促進非洲赤貧國家的貿易。

祈求天降甘霖

美國前總統柯林頓在二〇〇〇年五月十八日簽署美國貿易暨發展法，非洲成長暨機會法是其中一個項目。該法生效之後，經過多次修正、增列，但主要目標始終不變：協助撒哈拉沙漠以南國家擴大在美國市場的佔有率。非洲成長暨機會法意在大幅促進對非洲的投資，進而帶動非洲的對外貿易，為非洲創造更多就業機會。非洲成長暨機會法列出六千多件商品享免關稅優惠，成了吸引進口商與非洲貿易的最大誘因，非洲企業較之前更具吸引力，成為美國公司的貿易夥伴。我稍早拜訪烏干達，協助一棵芒果樹生產姊妹共創社的服飾，也是善用非洲成長暨機會法提供的貿易優惠制度。現在來到肯亞，希望找到可以合作的商品與藝匠，讓他們也能受惠於非洲成長暨機會法的貿易協定。

雖然一些專家、進口商、非洲公司對於非洲成長暨機會法有些微詞，認為不符當初協助非洲經濟成長的承諾，但該法的確吸引更多的貿易與投資前進非洲。肯亞的成衣出口業就是成功的例子。在二〇〇〇年，肯亞成衣出口到美國的金額約三千萬美元，至二〇〇五年已激增至兩億五千八百萬美元，這都要歸功於非洲成長暨機會法。根據美國商務部統計，二〇〇八年符合非洲成長暨機會法規定進口到美國的金額高達六百六十三億美元，較去年成長了二九．八％。無論在世界哪個角落，更多的工作機會代表更富足更繁榮的生活，非洲也不例外。

我詢問法蘭西斯對於非洲成長暨機會法的看法，他一開始持肯定態度，但後來談到美國失之公平的農業補貼時，不假辭色抨擊我國政府提供大面積栽種的農民與企業過多補貼。他忿忿不平地說，美國錢多勢大的玉米遊說團體積極動作，替大型農業企業爭取津貼，刻意壓低全球農產品售價，破壞全球行情。他說，津貼壓低了穀價，唯有跨國農業企業有辦法維持競爭力，美國小農的生計雖也受到波及，但非洲農民受害更大。另外，他反對以美國生產的玉米作為非洲的援糧，認為這樣既不公平，也不合理。既然非洲當地種得出玉米，非洲政府與人道援助組織應該向非洲農民直接採購才是。我感謝他有話直說，而且很快就發現，鮮少肯亞人對國內外政治議題冷感，一有機會就熱烈發表自己的看法。

抵達下榻飯店時，我意外不已，沒想到飯店這麼高檔。在科羅拉多州博爾多（Boulder）旅行社冒險觸手可及（Adventures Within Reach）工作的羅賓推薦我住這裡，她說美景飯店（Fairview Hotel）價錢合理。我知道美景飯店不錯，但沒料到會這麼讓人讚嘆屏息。飯店建於一九二〇年代，在奈洛比這個壅塞不堪的城市裡，宛若古時的綠洲。飯店以石頭和柚木打造而成，室內牆壁漆成金黃色，擺了藤編餐桌椅、皮革沙發，牆上掛了標示肯亞動物保護區的地圖，以及一些飯店的老照片。我和布萊德在泳池邊的露天餐廳找了張桌子坐下，一邊喝著葡萄酒，一邊討論明天該怎麼把四百多磅（譯注：近兩百公斤）玉米粉配送到目的地。

我從今年初春開始和肯亞工藝連線（Craft Link Kenya）合作。肯亞工藝連線的蘇珊在網路發現姊妹共創社，寄了一些照片給我，介紹該合作社編織的麻籃。以配件而言，像編籃這類傳統手工品在姊妹共創社賣得不多，我偏好亮麗而平價的飾品，或是回收的二手物件。我們的消費者喜歡有流行感的物件，之前賣過帶有民族或文化色彩的東西，但乏人問津。不過該合作社的籃子不僅手藝精湛，更在傳統的樣式和圖案中添加時尚的配色。每一個籃子都由劍麻編織而成，層層織出又緊又實的圓形紋。劍麻堅韌有彈性，織出的籃子可以摺疊收納不受損，和其他籃子相比更適合進口。雖然這些編籃一開始並非作為手提包使用，但只要稍加改編，加上麻織或皮製手把，就成了手提包。肯亞婦女嘗試創新，製作橢圓底的提籃，取代傳統方便儲物或搬運的寬底圓籃。其中，有個提籃色彩鮮豔，呈現粉紅、黃、紫、白、綠等五色相間的條紋圖案，搭配紫色皮製細手把，是個大小適中的休閒包，非常適合夏天攜帶出門。因此我決定冒險一試，訂了三款。相較於裝飾功能大於實用功能的傳統非洲提籃，我更欣賞蘇珊她們的產品。另一個更重要的原因是，我有意和蘇珊及肯亞工藝連線合作。我覺得她們值得我放手一搏，賭賭看她們的提袋在美國會不會暢銷。她們是一群能幹又有天分的女性，卻生活在飽受乾旱、工作機會甚少的地區。我心想她們的商品應該會為我們的夏季商品增色不少。但夏天倏忽過了大半，卻遲遲等不到貨品。直到啟程飛往非洲兩三周前，蘇珊才寄信給我，說明她們的進度：

親愛的史黛西：

希望妳來肯亞的計畫一切順利。簡短報告一下籃子的製作進度：我們差不多要完工了，等到準備寄送時會再通知妳。

真的非常抱歉，沒有準時交貨。這陣子我們實在無法全力投入生產，因為國內鬧飢荒。為了尋找食物，婦女們得徒步到很遠的地方（甚至一走就好幾天），找水更是困難。她們的工作進度確實受到影響，她們打電話給我，解釋無法準時交貨的難處。我們希望情況會改善，也衷心祈求上天速降甘霖。

誠心希望妳能諒解我們力不從心之處，體諒我們不得不延遲交貨。

祝好

蘇珊

我向蘇珊再三強調，我衷心希望她們身心健康，務必先照顧好自己和家人，籃子何時完成都沒關係，我們會照原定計畫購買。我告訴蘇珊，其實這樣反而更好。我去拜訪她們的時候，可以預購大量新款商品，這些新款可以和這次未準時交貨的提籃一起寄到美國。我知道，這不同於一般公司的做法，通常如遇商家遲交貨品，買方可取消訂購合約，但我們不一樣，既然初衷是支持這些女性，必須配合這些女性的需求，調整我們的期望值。我們絕不因延遲出貨（或任何我想得到的理由）而取消訂單。我們和第三世界女性合作，協助她們準時交貨、檢查商品瑕疵、努力符合市場潮流。有時候，這些努力全被拋到九霄雲外，先想辦法協助她們度過眼前難關才是當務之急。我的事業首要宗旨是協助女性，銷售只是協助她們改善生活的載具。有時銷售得等等，畢竟助人才是第一。所以我們必須分散供應商，向多個國家與多個團體訂購商品。賣出尼泊爾女性手作品，可以用於貼補向瓜地馬拉婦女下單的訂金；柬埔寨女性的工藝品可以填補貨品青黃不接的缺口，讓我們靜待蘇珊團隊遲來的成品。我們合作的女藝匠遍布全球，形成的網絡互相扶持，在對方有難時伸出援手。

雖然我無力扭轉乾旱，但我想做些什麼以表關懷，以示友好，因此我問蘇珊，和肯亞女子初次見面時，能否請她們吃午餐。幾天後，接到蘇珊回信，信裡透露更多令人難過的消息。

嗨，史黛西：

非常感謝妳的體諒。我們就等妳來訪，再把妳預購的商品和我們這次的產品一起寄出去。

也謝謝妳願意請大家吃午餐。不過，這些女子可能更想帶些食物回家，和家人一起食用。我可以幫忙購買玉米粉，通常這可以用來煮粥充當一餐。一公斤大約一・五美元。這裡大概有一百五十位婦女，所以若買個一百五十公斤，每個人可各帶一公斤回家。雖然不算多，但禮輕情意重，還可以分給家人大家一起吃。

我們也想連絡肯亞當地願意出資購買糧食資助女性的組織，若妳有任何連絡資訊或管道，對我們是一大幫助。我知道外界有人想幫助我們，但有時不易取得聯繫。對了，想跟妳說一聲，這裡有位女士因為幾天沒吃東西，生下一對雙胞胎才兩天便過世了，她的孩子急需喝母乳。我們想到此事總是淚流不止，飢荒實在太苦了。

無論如何，期待妳的到訪。

感謝妳付出的一切。

祝好

蘇珊

歐巴馬的遠親

想到那位過世的母親，我傷心難抑。蘇珊的公平貿易公司肯亞工藝連線雇用逾兩千名女藝匠，並推廣她們的手作產品，協助她們支持家計。編織劍麻提籃的一群女性來自半乾旱區，距離奈洛比約三小時車程。這一百五十位織工屬於阿坎巴部落〔Akamba，或稱坎巴族（Kamba）〕，世居在烏坎巴尼區（Ukambani）。烏坎巴尼位於鄉下，約一百三十萬阿坎巴人分居在肯亞東南部的基圖伊（Kitui）、馬查科斯（Machakos）、馬奎尼（Makueni）、溫吉（Mwingi）等小鎮。烏坎巴尼區人口持續增加，水供應變得非常吃緊，加上地下水儲量不足，乾旱期間，湖泊、河流的水位往往拉警報，河床甚至乾涸。地下水不足，居民無法抽水取用，提水回家成了女性每天的重擔與挑戰。蘇珊團體裡的婦女和女孩，得跋涉十五英里（譯注：約二十四公里）才到得了當地唯一一條還能打水的河流。按理，為了生活，部落應搬到馬查科斯附近，不過鮮少族人願意離開自己的部落，即使面臨缺水或其他生活資源不足，他們也咬牙撐下來，因為他們擔心，一旦離開家園，土地可能被鵲巢鳩佔。

被歐洲人殖民之前，阿坎巴人以貿易和狩獵維生。現在，大部分族人務農或製作手工藝品。男性擅長木雕、女性精通編籃，再用成品和他人以物易物，換得其他東西。在風平浪靜的好日子裡，馬查科斯附近的阿坎巴人會栽種玉米、豆子、豌豆、樹薯、甘藷、南瓜等等，但長達三年的乾旱，導致農地不得不休耕。貧窮問題持續惡化，主要是因為長天期乾旱愈來愈頻繁、牲畜產能下降、環境惡化、公共建設不足、文盲眾多、性別不平等等等。女性的貧窮現象尤甚嚴重，因為她們無權擁有土地、牲畜等私人財產。

我請蘇珊估算一下她的車能載幾公斤的玉米粉。她說若租一輛小型休旅車，大概裝得下十袋二十公斤的玉米粉。我馬上請我們的會計師約翰，把購買玉米粉和租車的錢匯給蘇珊。約翰是大善公司職員。租來的休旅車裝得下約四百四十磅的玉米粉，可分送給蘇珊的女員工以及她們的家庭。

蘇珊的車停在美景飯店前，開車的是她先生愛德華。這對夫妻有兩個小孩，分別是七歲的兒子尼克和一歲半的女兒妮姬。夫妻倆都很厲害。愛德華以前在奈洛比開了間電話客服中心，可惜受全球經濟衰退影響被迫結束營業。蘇珊原本在非政府組織的行銷部門上班，後來因為受不了組織的官僚作風，決定辭職出來自立門戶，創辦肯亞工藝連線。蘇珊說，當地人最需要的是收入。放棄原本在非政府組織的工作，雖然個人收入縮水，但她立志要幫助比她還不幸的女性同胞。由於愛德華剛好在待業中，便協助蘇珊拓展事業。我和布萊德都慶幸當天有愛德華幫忙。和這對夫妻相處很開心，我們這兩對夫妻雖然來自地球的兩端，卻有諸多相似處。

我們在蘇珊承租的二樓工作室稍作停留。這間工作室不大，僅八英尺寬、十英尺深。室內擺了展示桌、陳列架、她的辦公桌、一台電腦。整間辦公室被劍麻籃佔去大部分空間，這些作品都是出自我們即將相見的婦女之手。蘇珊也拿出一些我之前沒看過的手作品，如串珠首飾和桌墊。她本來打算列印存在電腦裡的一張價格清單給我，可惜碰上停電，大家只好回到休旅車，離開奈洛比駛往下一站。

出了奈洛比，路況還不錯，但愛德華表示，路況改善是最近才有的事。他說：「從我開始開車上路後，路況一直很糟，但現在有中國人幫忙鋪路，做得比肯亞政府更好。」他接著說：「中國送囚犯到這裡來施工蓋馬路。」雖然我肯定現在的路況，但忍不住想，馬路施工並未為肯亞人製造工作機會著實可惜。肯亞的失業率高達四〇%，半數人口生活在貧窮線之下。用納稅人的錢蓋馬路卻無助於降低該國失業率，似乎說不通。

行經奈洛比國家公園的外圍時，我看到幾隻斑馬和羚羊，牠們所站位置非常接近馬路與商家。愛德華說：「以前動物在遼闊的大地漫步，遠離人群，現在人類節節進逼，佔據了太多牠們的棲息地。」

我問他：「你覺得肯亞最大的問題是什麼？」

「人類，」他說道：「人類是地球上最危險的動物，會清除一切擋路的障礙物。」他停了一下，走上另一條路，駛往我們的下一站馬查科斯。

「肯亞第二個問題是貪腐。不過如果追根究柢，問題還是出自人類。」他繼續說。

一九六三年十二月十二日，肯亞脫離英國殖民統治，獨立建國，由肯亞非洲民族聯盟（Kenya African National Union，簡稱KANU）的喬莫．肯亞塔（Jomo Kenyatta）擔任肯亞第一任總統。KANU和另一個部落政治聯盟互為對立，兩者都想出線成為肯亞的執政者。KANU的組成分子來自兩大部落：基庫尤族（Kikuyu）與盧奧族（Luo）。兩大部族佔肯亞總人口三五%。肯亞另一個政治聯盟是肯亞非洲民主聯盟（Kenya African Democratic Union，簡稱KADU），創立宗旨為保護肯亞弱勢部族的權益，這些部族包括卡倫金族（Kalenjin）、馬賽族（Maasai）、桑布魯族（Samburu）與圖爾卡納族（Turkana）。隨著時間過去，政黨名稱不斷更迭，但部族之間的扞格根深柢固。

肯亞有四十二個部落，每個部落有自己忠心不二的支持者，政治往往出現難解的僵局。肯亞人不會因為立場保守或自由而互相結盟，而會看在部族關係親疏，選擇合作對象。不同於盧安達、烏干達與蘇丹等鄰國，肯亞並未爆發內戰。但兩年前，全球才見證了肯亞近年來部族與部族之間最嚴重的戰爭。二〇〇七年，肯亞備受爭議的總統選舉落幕後，肯亞各地暴力衝突不斷，導致逾三百人死亡、二十五萬人流離失所。肯亞的觀光產業因此停擺。部族之間的不合與對立，不僅賠上肯亞的土地與人命，也導致政治動盪，部族之間暴動與衝突頻頻上演，亟需整頓的經濟停滯不前。

蘇珊認識愛德華時，雙方父母反對兩人在一起，因為兩人來自不同的部族。如今這對夫婦結婚多年並育有二子，雙方父母的立場軟化，接受兩家成為親人。「我們的孩子並不清楚他們屬於哪個部族，我們覺得無妨。」蘇珊說道：「我們希望肯亞的下一代認同自己是肯亞人，而非某個部落的族人。」蘇珊接著說：「這麼做並不是要肯亞人忘記傳統，而是希望大家拋棄無謂的內鬥與內耗，不要僅因為對方出自不同部落，就討厭對方，進而和對方衝突。」

愛德華跟著加入話題：「就和你們選出新任美國總統一樣，我們實難相信你們竟選個黑人做總統。」

美國有一點獲得肯亞人欣賞與肯定，那就是巴拉克．歐巴馬（Barack Obama）順利當選美國總統，畢竟歐巴馬是半個肯亞人。在奈洛比，幾乎每家賣紀念品的商店都可看到編出肯亞與美國國旗圖案的串珠手鍊，上面還附歐巴馬的名字。歐巴馬總統的父親是肯亞人，曾經住在濱維多利亞湖的的基蘇穆（Kisumu）附近。到了基蘇穆附近，幾乎每個肯亞人都說他們說不定是歐巴馬的遠親。肯亞女性身穿的鮮豔長裙竟也印著歐巴馬的臉部肖像。肯亞人一直很想知道，歐巴馬會不會以總統身分訪問肯亞。我們夫婦再三對每個詢問的肯亞人解釋，歐巴馬是個大忙人，但是他很關心肯亞與其他國家（希望總統不介意我代他發言）。

在不到兩個小時車程之外，我們抵達了馬查科斯市。馬查科斯是通往鄰近村落的交通樞紐，約有十四萬居民，市內有一個大型露天食品市場與二手衣市集，適合當地人買賣。我們把車停在一排店面之前的路邊，店面有餐廳、肉舖，以及老式的廉價品商店。過了一會，一位婦人身穿顏色絢亮的全套傳統長袍來找我們，蘇珊夫婦也親切地和她打招呼。她叫雅欣達。

雅欣達上車後，我們離開馬查科斯前往附近村落，拜訪織籃的藝匠。從稍早的交談得知，蘇珊與雅欣達來自相同的部落，所以我很意外兩人的打扮竟差有天壤之別。雅欣達的衣著非常傳統，蘇珊則身穿兩件式褐色套裝，一如美國的職業婦女。我看著雅欣達，對她說：「雅欣達，妳看起來很像美國美麗的女演員珍妮佛．哈德森（Jennifer Hudson）。妳看過《夢幻女郎》（*Dreamgirls*）嗎？」雅欣達回說沒有，但問問似乎無妨。一路上，我們與蘇珊夫婦閒聊幾部他們看過的美國電影與紀錄片。聊到一半，愛德華問道：「艾米希（Amish）人過怎樣的生活？」

「怎麼會提到他們？」布萊德有些意外，忍不住問他：「你怎麼知道艾米希人？」

「我們看過一部紀錄片。」蘇珊回答。

布萊德和我看過多部關於非洲的紀錄片，內容涵蓋野生動物、文化、戰爭乃至歷史等等。獲悉蘇珊與愛德華在家觀看有關美國文化的紀錄片，我們感覺有趣又新鮮。看來我們真是天涯若比鄰。

千萬別忘記我們

離開馬查科斯約十五英里，我們駛離柏油路，轉向滿是坑洞、年久失修的紅土路。因為車上還載著重達兩百公斤的玉米粉，所以車子開過坑洞時，底盤常觸底。「這絕不是我們女人在扯你們後腿喔。」我開玩笑地說。租來的休旅車一路顛簸前進，底盤因碰撞石頭而鏗鏘作響。

紅土路兩側的農田完全荒蕪，路旁只剩乾枯的灌木叢。野地的小山羊啃著灌木，或是任何可以果腹的東西。幾隻雞圍著枯黃的灌木低頭覓食，我們甚至看到瘦弱的牛餓到嚼泥巴。「吃泥土的牛全都會死。」愛德華說：「牛如果空腹吃泥土，會造成腹絞痛而死。」在這片乾枯貧瘠的大地上，活下來的生機渺茫。

車子行經一望無際的荒地之後，經過一間學校。一路上沒看到什麼人煙，但這所學校卻人滿為患，學生穿著亮綠色與黃色的制服，踢著以泥土與枯枝做成的足球。這是布萊德第二次感到後悔，早知道應該攜帶一整袋足球和一個打氣筒送孩子。「最開心的事，莫過於送顆真的足球給非洲孩子。」

蘇珊對我們說明肯亞的教育制度。肯亞提供免費國民教育，父母只要付得起制服費用，都會讓孩子受教。多數父母會想盡辦法送孩子上學，因為學校提供免費午餐，而這一餐往往是孩子一天中唯一的一餐。雖然免學費讓肯亞在普及教育的努力上邁出一大步，但教育體制存在許多問題。大批新生湧入開放招生的學校裡，一班的學生從二十五人暴增至八十人。學生人數增加，但肯亞政府並沒有花錢請更多老師到超收學生的學校。肯亞的教育體制能否成功，在於學生能否享有更多資源，尤其要有充沛的師資。

經過學校時，我發現校門一側寫著：「天空才是極限。」我心想，這裡每個學生還可以在這間學校受教多久？長大以後會成為什麼樣的人？如果這兒多一位老師栽培他們，多了幾本書讓他們閱讀。今天天空不是晴空萬里，而是烏雲壓頂，彷彿快下雨了，但雨一直沒來。前方除了一望無際的天空，彷彿什麼都沒有。

車子轉了個彎，我們看見了幾間房子，一位小姐擺著攤，上面稀稀落落地擺了幾把蔬菜。在一間小屋的後面，一群婦女圍坐一圈。我忍不住雀躍，心想她們應該就是我們要見的女子。「是她們嗎？」我問。

「不是，」蘇珊回答：「那應該是教會的聚會。」

的確，車子開近一些時，我看到一位牧師站在女子前面誦讀聖經。炎熱的天氣加上看不到盡頭的顛簸車程，害我有點頭暈想吐。車子又向右轉了一個彎，看見前方有個大坑洞，四周是乾涸的石頭。「我稱這裡叫月球。」愛德華開玩笑地說，但這絕非玩笑話。原來這裡曾是讓村民取水的小湖，不僅家用也用於灌溉農作物。不過據愛德華說法，這湖已近兩年沒有半滴水。

黑色坑洞再過去一點，有棵光禿禿的大樹，樹下突然竄出五顏六色，彷若煙火絢爛綻放。原本緊緊簇擁在一起的婦女突然一哄而散，形成七彩繽紛的壯觀彩虹，她們手足舞蹈地接近我們車子。儘管離車子尚遠，但她們移動速度之快，一下子趨近眼前。愛德華煞住車，對我們說：「下車吧，我把車停好就來。」他笑道：「準備跳舞吧！」

荒無乾裂的土地上，傳來節奏感十足的鼓聲、哨聲、掌聲、踩踏聲、女人聲。才下車走了兩步，一群女人已將我團團圍住，她們熱情地扭腰搖肩，邊舞邊拍手，有人拉著我的手，將我推向舞群的中心。曾經當選啦啦隊且運動細胞也不錯的我，馬上加入她們的行列，跟著她們的舞步動了起來，有些動作模仿得亂七八糟，自己忍不住大笑，也逗得舞群興奮不已，哨聲吹得更響，踝鈴搖得更用力。身穿五顏六色傳統服飾的阿坎巴族姊妹，以舞蹈熱情迎接我，一路上不停地載歌載舞，經過了三、四間泥屋後，來到臨時搭建的棚架，這裡將充當接下來表演活動的露天舞台。

在熱鬧滾滾的氣氛下，實在很難確切掌握到底有多少姊妹前來參加這次聚會，但目測至少一百五十人以上吧。雅欣達介紹我認識這群女人的領導人瑪麗．雷吉娜（Mary Regina）。雷吉娜帶我到棚下的座位，棚子由粗樹枝和製作帳篷的粗帆布搭建而成，棚下擺滿戶外塑膠椅。我坐在椅上，等著舞蹈秀正式登場，而剛剛自由發揮的隨興「街舞」不過是暖身罷了。雅欣達透露，這群女子為了這次的舞蹈表演，每天都撥出時間排練。她們在台上排成三長排，每排的最前面由一人帶頭領舞。第一道哨聲響起：「嗶嗶…嗶嗶……嗶嗶嗶嗶」，接著所有人動作一致加入舞蹈行列，場面非常壯觀。古時候，阿坎巴人深信惡靈只會攻擊女性，要趕走惡靈必須用激烈的鼓聲與奔放的舞蹈。時移事往，阿坎巴人舞蹈不只是趕走惡靈的工具，也漸漸變成婦女定期練習與表演的歡慶活動。舞台上的表演非常精彩，三排舞者動作整齊劃一，肢體柔軟靈活。舞者隨著哨聲的節奏扭動肩膀，並用力踩踏地板，讓腳踝錫罐裡的碎石互相碰撞，咚咚作響。舞者前彎，舉起手臂往後跳，動作整齊一致，接著又挺直身體，高舉雙臂闊步向前。她們的創意與舞姿讓我看得目不轉睛，尤其是透過肢體由內而外散發的喜悅最讓我感動。想到肯亞正鬧飢荒，許多舞者一天吃不到一餐，我擔心她們為了表演而耗盡體力，但其靈魂似乎因為這場淋漓盡致的演出而獲得了滋養與撫慰。

節目持續進行，其他女子魚貫出現在觀眾席與舞者之間的空地上，將她們編好的劍麻籃放在地上。一開始兩個，然後十個，接著二十個，最後提籃的總數與女子人數相當。提籃的顏色繽紛、造型獨特，一如編織的主人。舞蹈表演結束後，蘇珊、雅欣達與雷吉娜加入我，坐在舞台前方的椅子上，舞群與女子紛紛靠過來，在我們面前席地而坐。雅欣達以斯瓦希里語（Swahili）介紹我給大家認識，並以她溫柔甜美的聲音，感謝舞群精湛的舞蹈，以及擺在地上美不勝收的手編提籃。接著換雷吉娜發言，她以這個女子團體的領導人身分歡迎我們，雖然我不懂她說什麼，但她的表情已道出一切。雅欣達試著把每個人講的話翻譯給我聽，但大家講話速度太快，而她也不想喧賓奪主，打斷她們說話。最後蘇珊站起來向大家介紹姊妹共創社，強調我來此的宗旨與使命是把她們納入姊妹共創社麾下，讓她們成為全球女藝工群的一分子。席間我一直聽到「mamas」一詞（音似媽媽斯，斯瓦希里語，意為女人），而大家則不斷點頭、微笑、嘆氣。

我簡短地發表談話，雅欣達幫我翻譯。我感謝大家以盛情與精彩舞蹈款待我。接著我請她們暢所欲言，提出她們的問題與疑慮。大家旋即七嘴八舌了起來。她們希望我理解近年來大家生活非常非常的辛苦。家園已連續三年沒下過一滴雨。她們每年花錢買種子，辛勤地犁田栽種農作物，但連續三年一無所獲。而今她們祈求下一季天空能如願下雨，但已無錢購買種子。她們已被逼到絕境，除了劍麻無畏乾旱照樣盛產，這裡什麼都不剩。

劍麻彷彿是大一號的蘆葦。還記得小時候，母親曾在窗邊陽台種了一株小蘆葦，我們小孩若手指燙傷或鼻子曬傷，她就摘一小片蘆葦，抹在我們的傷口上。蘆葦汁液成了神奇的天然膏藥。而今這個外觀彷若大一號蘆葦的的植物似乎成了阿坎巴婦女的救星。在肯亞的烏坎巴尼區，婦女主要靠編織提籃維持家計。劍麻富含天然纖維，學名為「Agave Sisalana」，是烏坎巴尼區盛產的野生植物，劍麻的葉子會快速再生，居民摘下劍麻的葉子後，將表皮壓碎取其纖維，再靠傳統手藝將纖維搓成麻線。

雷吉娜取一片又長又尖的劍麻葉站在眾人前方，另一手握著鐵製彎刀，示範劍麻籃製作的過程。她將劍麻葉切成薄片，再撕去其外皮取出裡面的纖維，另一名婦女接過纖維，將纖維放在裸露的膝蓋上快速搓揉，變成麻線，再捲成麻線球。我摸了一下雷吉娜手上剩下的劍麻纖維，眾人不禁倒抽一口氣。雅欣達碰一下我的手，說道：「沾了汁液的劍麻纖維一碰到皮膚，會讓皮膚奇養無比，這裡的婦女已經習慣，所以碰到皮膚也沒關係。」

接著，三位姊妹示範編織劍麻籃的過程，第一步是編出籃子的雛型，再來加入顏色，繼而織出繁複圖案。其中一位婦女是四十八歲的梅西。她已婚，育有三女一子。她自小就跟母親學習織籃的傳統技藝，由於父母出不起教育費，梅西只讀到小學六年級便輟學。沒有受過高等教育的她，只能依賴傳統手藝養家。她織籃的速度很快，一天工作八小時就能做出一個籃子。但梅西平日得打理家務，諸如煮飯、照顧羊群、走兩小時的路到河邊打水等等。每編完一個提籃，她可以拿到薪水，雖然她很想多編幾個，但時間被其他家務佔去，讓她分身乏術。不過，提籃收入的確是全家極為倚重的經濟後盾，可以用於添購食物、衣服、送孩子上學等等。

這天最棘手的時刻到了：選購款式。女子往後退了幾步，開始編織全新的籃子或繼續原來的進度。她們看似心無旁騖，卻不時用眼角瞥看前方，想知道自己的作品是否雀屏中選。蘇珊告訴她們，不管我今天挑到什麼款式，我都會下大訂單，因此每個人都會分到工作。由於她們前一周才趕完我訂購的一百五十個提籃，所以清楚這樣的安排。老實說，她們亟需進帳，也很少看到買家帶著現金親自到此採購。我猶疑再三，難以抉擇，與布萊德和蘇珊交換不安的眼神後，我終於下定決心，心想既然不可能買下所有提籃，因此只挑未來持續有好賣相的款式。那天我們只帶了將近七千肯亞幣，約一百美元。我把挑好的商品放在座位旁的小桌上，等桌子被提籃佔滿之後，我就罷手。雷吉娜和另外三位女子拿出帳簿，記錄每個提籃的價格以及編織籃子的主人。每個提籃頂端都掛上一個紙卡，上面寫著編籃女子的名字。我只花掉手上一半的現金，所以我讓布萊德挑他喜歡的款式，最後我們的採購量足足增加了一倍。

結束後，愛德華把車開過來，準備將車上的玉米粉分送給大家。我自己另外帶了毛根條給孩子當玩具。現場只有三個小孩，所以我走到每個孩子面前，將毛根條折成花朵送給孩子。大家的眼睛瞬間亮起來，其中一位說她想要親自動手試試，接著又有好幾位女子跟進。我回到車上把最後剩下的五包毛根條拿出來，與布萊德匆匆轉了一圈，將炫亮的毛根條發給每一位想要動手嘗試的婦女。我啪一聲坐在圈子的中間，惹得大家咯咯笑出聲，我們彷彿幼稚園上美勞課的小孩，用毛根條折出約三十公分的雕像。做完後，每位女子一一到我面前，炫耀她們的傑作。

布萊德、愛德華與一位村落長老，把八大包玉米粉搬下車，堆疊在婦女面前，彷若沙袋堆出的掩體。長老將他親手製作的木雕鱷魚送給布萊德。我將兒童牙醫詹姆斯・厄本尼亞克（James Urbaniak）捐贈的百來支牙刷發給大家。匆匆拍完兩三張照片後，不得不向大家互道再見。哨聲再此響起，大家列隊一路跳著舞歡送我們回到車上，這次連布萊德都加入舞群。到了車旁，哨音愈來愈響亮，我被大家團團圍住，輪番和每一個人奔放熱舞。就像玩「老師說」（Simon Says）的遊戲，對方怎麼跳，我就跟著照做。我用力地甩、跳、抖、扭，跳得汗水淋漓，偶爾還帶些撩人的性感。終於碰到車門的門把，但試了三次後才成功脫身坐到車上。車子加速駛離工廠，掀起漫天紅色的沙塵，女子仍不停地舞動。一邊聽著哨聲，一邊想起剛剛一位婦女提問時所說的話：

「千萬別忘記我們！」

絕對不會。

一切不言而喻

我一覺醒來，盯著美景飯店白色的天花板，渴望回到瀰漫紅色沙塵的阿坎巴部落。我內心深感遺憾，希望自己能貢獻更多，而非只是蜻蜓點水，花個一天，跳個舞、選購幾個籃子就離開。我常覺得自己參訪合作團體時，與觀光客沒兩樣，只是走馬看花，匆匆拍個照便走人。我希望自己是社工以及大家的朋友，能花更多時間和她們相處。我想和大家一起生活、吃飯、睡覺，實際體驗她們平日的生活，不希望她們為了配合我到訪刻意放假一天，讓我參觀。為了我，大家放下日常工作，讓我受寵若驚，但是獲悉一位女子因挨餓而死之後，我明白這些人的生活不似服裝與舞蹈那麼繽紛熱鬧。肯亞偏鄉的生活是一日又一日的挑戰，努力應付生活基本需求。她們的問題棘手，甚至大到威脅生命，我訂購的提籃無法改變她們的問題，我的到訪也無法改變現狀。這種怎麼做都不夠的無力感與沮喪，不斷拉扯我的心。

我向布萊德坦言我的不安，他安撫我：「努力嘗試做做看，總比什麼都不做要好。」他接著提醒我：「別忘了，昨天送的玉米粉足夠整村的人吃上一周。說不定對某個村民來說，這些玉米粉及時救了他一命。如果妳沒出現，一切都只是空。再想想妳訂購的提籃。村民吃完玉米粉後，妳預付的訂金可以讓她們繼續下一周的生活，然後再下一個月。妳現在要賣掉這些提籃，賣完之後再繼續下單，這麼一來，可以幫她們撐過一個月又一個月，甚至一年再過一年。」

布萊德的開導與支持提醒我，憑一己之力雖不可能改善一切，但我能做一些小事，讓個別女子的人生大為改變。姊妹共創社的顧客也可以靠做類似小事幫助她人，諸如買個禮輕但可做善事的提籃，足以影響另一位婦女的人生。所謂積少成多，姊妹共創社所有客戶累積的採購總額，將影響數千名婦女的命運。解開心中疑雲後，重拾活力，準備出發拜訪奈洛比貧民窟的手工藝團體。

我們再度搭乘蘇珊租借的休旅車，經奈洛比的圓環，前往參訪一個女裁縫合作社。之前我曾向蘇珊打聽，有沒有認識可和姊妹共創社合作的女裁縫團體，因為我們得不斷進口一片式包裙或是托特包的新款。她安排我們參訪她很欣賞的團體：瑪麗達蒂布料（Maridadi Fabrics）。「Maridadi」為斯瓦希里語，意為美麗。不過，該團體所在位置和美麗完全不搭，位於奈洛比的工業區，附近賣車子零件，對面商家販售二手塑膠水壺。到了現場，生產線協調人唐娜與組織負責人艾琳負責招呼迎接我們。艾琳辦公室的書架上放了一綑又一綑的手印棉布，顏色與圖案琳琅滿目。我本來只預期會見到女裁縫，沒想到該團體還會用網版將圖案套印在布料上，再將套印的棉布裁製成衣。

唐娜帶我們參觀這間佔地頗大的廠房，裡面網版的數量之多讓我稱奇不已。套印檯四周有兩面牆，上面陳列了逾兩百多個網版圖案，多數因為少用而蒙塵，我心想她們是否真的用過牆上所有網版圖案。唐娜與另一名女子穿上看起來像實驗室白色外袍的長袍，示範網版套印的過程。首先，將一塊長條布料平鋪在套印檯上，以夾子將布固定，再將沾滿油墨的網版小心翼翼置於布料上。兩位姊妹站在木框網版的兩端，一人先從此端用刮刀將油墨均勻推刮在彼端，再將刮刀遞給彼端女子，她重複同樣步驟，將油墨推刮到彼端。她們重複這個動作八次後，接著拿開網版，移至布料的下一個套印區。套印結束後，布料會送到定色的機器，然後水洗，最後晾在大型架子上自然風乾。

在二樓，三名裁縫正在縫製樣式簡單的教堂聖袍。瑪麗達蒂目前僅有五名女員工，因為接到的訂單只夠支應五人。瑪麗達蒂由聖公會創辦，曾經培訓逾一百名女子學習網印與裁縫。該教會也提供場所與設備，卻沒有給她們安排市場。

這次難得的發現讓我興奮地幾乎流出口水。我買了十碼的布料，請蘇珊幫我寄回美國。另外，我留了兩條一件式包裙給唐娜，請她參考上面的圖案。我跟唐娜保證，蘇珊不久就會跟她連絡，因為我請蘇珊幫我協調在奈洛比的所有訂單。又度過美好的一天，又認識更多手藝精湛但需要機會的婦女。自己能夠為找不到出路、處處碰壁的人開啟一扇門，正是點燃我前進的動力。這股力量驅策我替女性創造機會、開拓市場、帶動事業成長，有了進帳才可能進一步改變婦女的人生、她們子女的命運，甚至整個村落的前途。商品不過是附加收穫，這群不屈不撓的女子才是真正的寶。她們彷若被埋葬的寶藏，等著人來挖掘。若我沒有勇闖肯亞，不可能認識瑪麗達蒂的婦女。再多的電子郵件也無法向蘇珊清楚解釋我來此的使命，但兩人短短幾天的相處，一切不言而喻。我知道我的顧客喜歡新穎又獨特的產品，我感謝他們的支持，珍惜網羅新藝匠的機會，讓她們也能加入姊妹共創社的大家庭。

布萊德和我在飯店向蘇珊依依不捨道再見，接著前往威爾遜（Wilson）機場，展開布萊德規劃的三天獵遊行程：馬賽馬拉國家自然保護區（Maasai Mara National Reserve）之行。地球上最壯觀的自然奇觀之一，莫過於此地舉世無雙的牛羚大遷徙。此外，距離獅子、大象、長頸鹿、花豹、斑馬、河馬等野生動物僅幾步之遠，看著自然界的生命循環，覺得自己好渺小。我忍不住把眼前數十萬隻牛羚壯觀遷徙的畫面，和美國內布拉斯加州（Nebraska）野生水牛群奔馳的壯觀奇景聯想在一塊。當然，在自然區三天我也不忘使命，悄悄地撥出一個早上參觀附近的馬賽部落，拜訪數名做傳統馬賽串珠飾品的女子。穿著馬賽傳統紅色格子圖案長袍的男人，手持以串珠裝飾的牧羊棍，圍著我翻看我帶來的商品型錄，布萊德看到此景呵呵大笑，覺得男人翻看型錄照片，仔細比較尼泊爾與印度婦女手工串珠與自家妻女手藝之別，非常有趣。三位男子闊步帶我去見他們妻子，一路上老王賣瓜，炫耀自己妻子手串的美麗珠飾。我挑挑撿撿，選出最符合姊妹共創社的飾品，接著一位男子寫下電子郵件地址，請他妻子轉交給我。他留的是獵遊營區的電子郵件，看來獵遊營區與馬賽族合作無間，互享傳統與技術之美。馬賽女子唱歌歡迎我們，還把我拉進她們圍成的半圓，為我戴上美麗的串珠項圈。

飛回威爾遜機場，我焦急地等著接機的司機。我還剩最後一個團體要拜訪，這是我返美前最想參訪的團體。整趟旅程至今一切順利，沒想到竟然在最後一站被司機放鴿子。每本旅遊書一再提醒遊客，在奈洛比絕不可路上自己攔計程車，一定要透過有信譽的公司事先安排。機場外一整排空車，但沒有一輛是我們的。幸好，我們參加的獵遊公司超越（& Beyond）派了一名工作人員在機場接機。這位工作人員叫摩西，手上拿著一張剛從凱奇瓦營區（Kitchwa Camp）歸來的遊客名單，一一核對遊客是否搭上返回飯店的交通工具。我等了近四十分鐘仍不見司機，開始心慌。他好心表示可以幫忙。

「讓我打電話詢問公司可不可以派一位司機來。」摩西安撫我。跟公司通完電話後，摩西回來了，手上還拿著車鑰匙：「今天你們走運了，司機已經到了。」摩西幫我們把行李放到該公司非常高檔的四輪傳動休旅車上的後座，然後跳上駕駛座。我和布萊德見了，露出困惑表情。「摩西，你願意載我們真是太好了，但我想先拜訪一個婦女團體，她們的住處好像不在奈洛比的高級區。」我略帶歉意地對摩西說。

他問我地址，但我只有電話號碼，心想從馬拉回到機場再打電話詢問地址。「打這個號碼可以問到地址。」我對摩西說，將紙條拿給他：「連絡人是約瑟芬。」

約羅娃手工藝負責人約瑟芬．卡莉米曾在姊妹共創社成立沒多久寫信給我。她的第一封信至今仍掛在書桌旁的牆上，時時提醒我創業的初衷。當我在意銷售成績、財務報表、合作的企業夥伴時，白板上用磁鐵固定的約瑟芬來信會及時提醒我，導正我的重心，將精力用於拉拔一心想出人頭地的女性身上。少了我，約瑟芬和女性友人並不會被擊倒，不過為了不斷往前，經營得非常辛苦。

相隔數年，約瑟芬寫了第二封信給我。我對約羅娃突飛猛進佩服不已，並立刻下單採購。約瑟芬接到摩西的電話非常開心。因為我遲遲未打電話給她，她擔心我可能變卦取消行程。摩西和她簡短交談，確定了地址與路線，向我們打包票一定可以送我們到約羅娃。「妳說得沒錯，那地方確實不好找。」摩西笑著說：「從來沒有人要求去那個地方。」

我以妳們為榮

我們開了很久的車，經過破舊的房子與垃圾場，最後停在加油站。我猜摩西可能要加油，不然就是迷路。沒想到他一停好車，馬上有個女人打開我這邊的車門，臉上露出大大的笑容，她正是約瑟芬。

約瑟芬與約羅娃的祕書瑪麗耐心地在加油站停車場，等著摩西在電話裡形容的白色車輛。兩人見面，互擁寒暄，久久不放，然後約瑟芬轉身，帶我們穿梭巷弄，來到婦女工作的攤位，和等待已久的女子們見面。約瑟芬身穿綠色的肯亞傳統上衣，搭配同色系印花裙。我們行經木匠家、油漆行、手工家具店，然後彎進一條直通約瑟芬攤位的巷弄。第一個攤位大約三公尺見方，十二位女子臉帶微笑地坐在塑膠椅上，圍成一個半圓。我心想不知她們把商品放在哪裡，不過我並沒有開口詢問。我跟每一位女子打招呼、握手，也問了她們的名字。約瑟芬說每一位女子只是各團體推派的代表，這些團體和她住在同一個貧民區。約瑟芬熱情地歡迎我們，將我們一行人奉為上賓。

問完大家的名字、打完招呼後，我請約瑟芬分享創業的故事，首先解釋約羅娃一名的由來。約羅娃的創辦人是三位出自貧民窟的女性，分別是約瑟芬、羅絲瑪麗（Rosemary）與伊娃（Eva），團名約羅娃正是由三位創辦人名字其中一字拼湊而成。這三人熱愛手作，希望能靠手藝品多賺些錢養家、養小孩。但一開始三人沒有錢買手藝品所需的材料，因此她們和一些朋友開始幫人打掃累積創業資金。她們到奈洛比的住家與辦公室打掃，大家把賺來的錢一點一滴儲蓄下來，朝夢想邁進。存夠錢後，她們買了第一台縫紉機，約羅娃手工坊就此誕生。

三人在丹多拉貧民區裡擺了個小攤，共用一台縫紉機製作手藝品。約瑟芬一一拜訪奈洛比旅館的紀念品店，說服老闆賣她的產品，但大部分的老闆僅願讓她寄售。慢慢地有人願意買她們的手藝品，訂單也跟著進來。差不多在這個時候，約瑟芬第一次寫信給我。儘管我沒有下單買她的東西，但約羅娃產品在當地賣的不錯，有時三人會將一小部分營收拿出來再投資，拓展事業，但多數時候會把這筆錢拿出來幫助經濟陷入困境的其他女子。例如若有人無法幫孩子添購制服或鉛筆、筆記本等文具，約羅娃會出面幫她們支付這筆費用。然而，二〇〇七年總統選舉落幕後，暴力衝突隨之登場。

丹多拉四處都是暴動，人民陷入恐慌，槍聲、暴力事件頻傳，住宅與大樓被大火付之一炬。肯亞百姓的生活捉襟見肘，禁不起絲毫損失。約羅娃的攤位與縫紉機是大家跪在地上，吸塵、拖地、洗了一間又一間廁所換來的，卻被放一把火燒了。不安有如瘟疫在奈洛比到處肆虐，姊妹們多年來的積蓄、努力、生財工具、手工藝品等等，剎那間化為灰燼。更讓人難過傷心的是，一位女藝工逃離恐怖魔爪時不幸中槍罹難。

不過約瑟芬與女藝工們打造的事業，影響力之大之廣，早已超越任何一個實體攤位的面積。她們以為自己只是忙於經營一個事業體，其實是一個又密又牢的社群，成員們情同姊妹，生死與共，互相信賴。她們再次從零開始，回頭從事清掃工作、繼續攢錢，再次踏上成功之途。

她們的勇氣讓我動容而泣。

約瑟芬穿過走道，打開正對我們的一扇厚重藍色鐵門。我用T恤的衣角擦拭眼淚，一抬頭正好看到約羅娃琳琅滿目的作品。這些讓約羅娃再次展翅高飛的精美手作品包括了串珠、首飾、提包、收納袋、卡片與燭台等等。她們的產品五花八門，遠超過約瑟芬寄給我的照片。後面一道牆上掛著一條線，線上有一排穿著綠色洋裝的天使掛飾。我心想，這些天使根本就是約瑟芬的化身。在姊妹們眼中，她就是個天使，她擘畫的夢想，深受姊妹們信賴。

我細看每一件展品，以免任何一件瑰寶和我失之交臂，成為遺珠。每拿起一件作品，有人的臉就發亮，因此我知道誰是該作品的主人。我從後背包裡拿出從美國一路帶到肯亞的禮物，為約瑟芬團體保留的毛根條與幾盒鉛筆送了出去，她們很有禮貌地接過禮物，打開裝鉛筆的盒子，分給每位姊妹兩枝鉛筆。這些看似簡單不起眼的禮物，對她們來說卻非常貴重、深具意義。我心想，行李還有一些空間，所以不客氣地大買特買。與大家拍完幾張團體照之後，布萊德與摩西示意我該走了。我們必須趕回機場，搭機前往倫敦，再轉機飛回科羅拉多州。瑪麗從桌下的包包裡拿出一份小禮物送我，是一位藝工特別為我編的串珠手鍊。手鍊的正面圖案是美國國旗與肯亞國旗並列，背面則是我的名字史黛西。我深受感動。

我向每位姊妹道別，卻一直找不到約瑟芬，瑪麗著急地對我說：「請再等一下，約瑟芬馬上回來，拜託請妳再等一會。」

布萊德神色開始有些緊張，因為我們一定得趕上飛機才能順利返美，重新回到小孩身邊。過不久，約瑟芬從轉角匆忙跑過來，左臂下夾了一樣東西。

「抱歉耽誤妳一點時間，謝謝妳願意等我。」約瑟芬邊說邊拆開手上酒紅色筆記本的塑膠包裝。她移開桌上展示的幾樣藝品，挪出空間，將筆記本放在桌子的正中央。我不知道她從哪裡買到這本筆記本，附近的店面看起來不像會賣這種東西。她拿了支筆給我，接著退後一步，「請妳成為第一個在留言簿裡留下大名的訪客。」約瑟芬說：「妳的到訪為我們帶來希望，我們期盼更多貴國人追隨妳的腳步。」

在留言簿上第一個簽名，我覺得榮幸又感動，誠心希望接下來會有一長串名字陸續出現。「妳們憑著自己的力量建造了這一切，我深以妳們為榮。」我寫道。淚水在眼裡打轉：「能與妳們以友人相稱，我引以為傲。我會想念妳們，也一定會再次到訪。」

展望未來

「女人單打獨鬥可以改變任何事，但齊心合力可以改變所有事。」

——克莉絲汀·卡朗巴（Christine Karumba，女人幫女人國際友會剛果分會長）

在肯亞期間，布萊德和我去了馬賽馬拉參加獵遊，許多旅行社都說這是一生必去一次的旅行。我們選擇的旅行社叫超越，行程跟裝備都優於預期。這間旅行社對野生動物、環境，以及客戶充滿責任感，讓我驚豔，但最令我感動的是旅行社對員工的責任感。因為籠罩在選後暴力衝突的陰影中，肯亞的觀光業停滯了兩個月，原本應該是觀光旺季的時刻，完全沒有顧客上門參加獵遊，超越旅行社的客戶也全部取消行程，但超越旅行社並未解雇任何一位員工。

即便是在最艱困的時刻，互惠互助仍是我們應該努力的目標。為了幫助他人而付出的努力絕不會微不足道。德雷莎修女的名言中，我最喜歡這句：「我們可能做不了大事，只能用愛完成微不足道的小事。」我相信這是真的，也是我個人以及透過姊妹共創社努力想做到的事。其他人的貢獻比我還多，也許你就是其中之一。他們跋涉到更遠的地方，奉獻他們的時間和生命給困於貧窮的人民和國家。這些人都是我的英雄。不過更多英雄出現於我的四周，包括和我一起淋雨在市集擺攤兜售女製商品的姊妹，我寫這本書時為我送上咖啡的姊妹，多次幫我載孩子參加體育活動的姊妹，陪著我度過兼顧事業與家庭那段樂苦生活的姊妹。姊妹們，妳們各個都不吝付出，絕對不要認為妳們的付出不重要。為他人的付出無論大小或多寡，只要全部加在一起，就能改變世界。

在電腦程式設計的世界裡，開放原始碼已蔚為一股風潮。程式設計師開發軟體，開放給大眾使用與編修，讓大眾免費接觸程式提供的工具和知識，這截然不同於傳統的智財權（copy-right）。有了智財權保護，得享有夢寐以求的商標，掛上商標的發明或創意擁有專利，他人未經授權不得使用。不同於智財權，公共版權（copy left）簡單而言就是「偷我的想法、盡量使用、加以改良、和他人共享」。如果大家受到啟發與感召，有意成立社會企業或是加入協助全球女性脫貧的行列，我希望本書每個章節能夠給各位力量與鼓勵。就把本書視為開放版權的開放原始碼，複製任何你想複製的東西。若我們要終結赤貧、解決環境危機，我們必須分享並複製對人類以及地球最有益的想法與創見。

如果你被感動，想有所改變，卻不知從何開始，我建議先好好檢視自己的生活，思考現在哪些行動可接觸他人每天的生活。也許你可以在孩子的學校、教堂或社區擔任志工，可以捐血、幫生病的鄰居煮飯、在辦公室號召大家捐贈食物、參加國際仁人家園（Habitat for Humanity）幫忙弱勢蓋房子，或是你決定全心養兒育女，為社會培育英才，你也可以開闢有機花園、擔任寄養父母、為癌症研究募款而跑。這些行動都值得肯定，都算貢獻。接著你可以進一步挑戰自己，做自認能力有未逮之事，做些對世界有所貢獻之事。勇敢邁出一大步！以下我提供五個步驟，讓你開始自己的社會企業事業。

（一）**學習**：今天只要動動手指，資訊與知識近在咫尺，史上從來沒有這麼方便過。網路是我聯繫全球姊妹的平台，網路也是深入挖掘全球女性面臨哪些難題的管道，並可透過網路，找到可協助解決問題的團體與組織。可參考以下網站，進一步了解貧窮女性面臨了哪些難題：

聰明基金：www.acumenfund.org
援助非洲：www.africaid.com
援助藝匠：www.aidtoartisans.org
促進和平商務協會：ww.bpeace.org
女性教育促進運動：www.camfed.org
關懷：www.care.org
中亞協會：www.ikat.org
解放陣線：www.emancipationnetwork.org

FINCA鄉村銀行：www.villagebanking.org
友誼之橋：www.friendshipbridge.org
全球女性基金：www.globalfundforwomen.org
孟加拉葛拉敏銀行：www.grameen-info.org
半邊天運動：www.halftheskymovement.org
Kiva微額貸款：www.kiva.org
美慈組織：www.mercycorps.org
千禧挑戰：www.ncc.gov
媽媽動起來：www.mothersactingup.org
健康夥伴：www.pih.org
女性和平之聲：www.peacexpeace.org
援助女性：www.promujer.org
援助剛果女性公益路跑：www.runforcongowomen.org
女性圓夢計畫：www.10000women.org
聯合國女性發展基金：www.uifem.org
女性人權緊急行動基金：www.urgentactionfund.org
女人幫女人國際：www.womenforwomen.org

女性成長：www.womenthrive.org
科羅拉多婦女基金會：www.wfco.org
女性基金網絡：www.womensfundingnetwork.org
世界脈動雜誌：www.worldpulse.com
你也可以造訪我的網站：www.staceyedgar.com，獲得最新名單。

（二）**別再只是學習，立刻行動吧**：既然已研究並詳閱各項資料，諸如協助貧窮女性、提高識字率、拯救流浪動物，或是任何能點燃你熱情的訴求，請別停在紙上談兵，開始付諸行動吧。無須透澈了解某議題也能改變現狀，不要因為無法掌握問題的全貌而裹足不前，勇敢挺身而出並開始行動，你會獲得新的視野與洞見，以全新觀點看待問題，想到別人想不到的解決辦法。不論訴求是什麼，同心協力就能減輕負擔。不必單打獨鬥，應該加入團體，合力解決問題。相信我，忙於研究相關資料之際，世界正等著你貢獻。快加入行動的行列吧！

（三）**捨遠求近**：當地小鎮或社區的女性需要你的協助，不管是到當地的女性收容所擔任志工、捐贈舊衣給穿出成功（Dress for Success-type）這類慈善機構、在成人識字班授課，或是主持家長會等等，你的努力都會讓你所在的社區出現一波波改變。

你也可以改變消費的方式，選購的禮物與商品能夠改善生產者的生活。只要情況許可，盡可能購買公平貿易商品。從改變穿著開始吧！在姊妹共創社，從裡到外的服飾都是公平貿易商品，就連內衣褲也不例外。這些服飾除了掛姊妹共創社的牌子，也委託印度、尼泊爾與烏干達女性製作，或是下定決心未來一年所購禮物都是公平貿易商品。這麼一來，你不只影響收禮的對象，也改善女性生產者的生活。改喝公平貿易咖啡吧，光是每天早上一杯咖啡就足以改變與影響他人。我當然會建議你到姊妹共創社的網站（www.globalgirlfriend.com）購物，或是就近在全食等五百多家與我們合作的商店購物。不過我也建議你向我們的競爭對手買東西，一旦你開始用心物色，會發現他們也有很多出色的公平貿易商品和優秀的合作藝匠。綠色美國（Green America，www.greenamricatoday.org）是不錯的第一步。

照顧身邊的人，為簡單的東西多付出一點心力。但別忘了也要好好照顧自己，因為這是改變自己人生的重要步驟。也記得好好教育自己的孩子，我們得仰賴他們讓未來變得更好。

（四）邁向全世界：拿出護照出發吧，沒有任何東西能阻止你，浩瀚的世界等著你去挖掘探索。僅僅透過參觀不同的地點、欣賞不同的文化，就能更了解彼此和世界。如果你嚮往到某個地方旅行，不要蹉跎，讓美夢成真吧。走出房門，親自拜訪你在全球的姊妹淘。也許不是明天或是下個禮拜就出發，但只要計畫、聯繫、存錢，沒有任何事會脫離你的掌握。若你有孩子，帶著他們同行。

我建議你應徵旅遊志工。旅遊志工提供機會，讓你既能當個觀光客，也能對參訪的目的地做出貢獻。身為志工，你有很多助人的方式，諸如幫忙蓋學校、鑿井、照顧孤兒、開設電腦課程、提供基本的健康照護服務等等。你的興趣有多廣，服務的可能性就有多廣。如果你認為旅遊志工適合你或你的家人，可以在以下網站找到相關訊息與機會：www.unitedplanet.org、www.gviusa.com、www.globeaware.org、www.globalvolunteernetwork.org。還需要更多點子嗎？你可以翻閱潘・葛蘿特（Pam Grout）的著作《豐富你人生的一百個旅行志工體驗》（*100 Best Volunteer Vacations to Enrich Your Life*），裡面提供一系列志工計畫和旅行地點，有些行程甚至還能抵稅。你絕對想不到在另一個國家做善事，能夠改變你在家鄉的生活方式。

（五）做自己：除了你本人，沒有人能送給這世界獨一無二的禮物。不管你有什麼才能，讓它們發光，照亮周遭人的生命。身為一個社工，我從來沒想過自己會經營公平貿易公司，專賣時裝和配件。我也發現，除了更努力幫助不幸的婦女，我想不出自己還想做什麼。身為母親，我積極而熱情地改善其他母親的生活，讓她們可以在貧窮與戰亂頻仍地區順利養育孩子。我不要求老公和小孩跟我搬到另一個國家，好實現自己的理想與熱情，但我不想只是捐錢給慈善機構（儘管我深信，捐款仍是催生改變的推手）。我希望再多做一些，幫助更多的貧窮女性，把協助脫貧變成生活的一部分。成立公平貿易公司只是工具，我並非公平貿易的專家，不是流行時尚的教母，也不是進口商或女性貧窮問題專家，不過我樂於栽進陌生的領域。我向你下戰書，希望你找到自己的熱情，並勇於大步向前。對什麼有興趣並不重要，重要的是投入。現在這個世界需要你！齊心合力，我們可以做出改變。當然啦，還需要姊妹們一點幫助才行。

強震過後

「生命的真諦不在於開始與結束，而是日復一日繼續走下去」

——安娜・昆德蘭（Ana Quindlen，美國小說家）

提筆書寫生命與生活碰到的難題，在於人生是逗號而非句點。完成本書最後一章，擺脫敲鍵盤的苦日子，得意洋洋地把全書交給厲害的編輯妮可・阿蓋瑞斯（Nichole Argyres），沒想到三個月之後，我的生活以及我周遭的世界發生難以想像的巨變。

耶誕節前一周，寒冷的周四傍晚，我和工作人員相約共享一年一次的年末大餐。二〇〇九年全球經濟衰退，拖累零售業，但姊妹共創社業績亮麗，甚至逆勢成長，讓旗下合作女藝匠可以繼續工作、賺錢養家。我們的營運模式不僅幫助美國主婦節流，也讓她們可以繼續支持擁護的運動與團體，協助全球姊妹們擺脫貧窮。席間，我和工作人員有太多可舉杯慶祝的成就，未來一年還有更多計畫要推動。中式餐廳的女服務生上菜時，我的手機響了，我從皮包掏出手機，察看來電，原來是提姆。

提姆向來在自己最方便的時間來電，因此多半不在朝九晚五的上班時間。但我還是接了電話，心想一定要有禮但堅定地告訴他，一切等明天再說，我可不想讓他壞了我年終慶功晚宴。

「妳有空嗎？」提姆問。

「我正在和工作人員聚餐，瑪麗麥可、艾莉森、雪莉、艾莉莎向你問好。你打來是想要一起慶功嗎？」我調侃道。

「嗯，請代我向大家問好。現在大概不是和妳私下討論的時候，但我需要妳給個答覆。」

「好吧。」我回道，心想到底是什麼急事，讓他非要在晚上八點半的聚餐時間找我不可。

「普莉亞剛來電，」他說完停了一下才繼續說：「『善心世界』的批發部門要出售，她首先找上我和妳，問我們有無意願接手。」

「哇，靠！」我忍不住在客滿的餐廳裡放聲尖叫：「什麼？她到底怎麼說的？我既興奮又緊張，心臟快跳出來。善心世界追隨姊妹共創社加入公平貿易領域，宗旨、想法、目標，和我們大同小異。兩家公司的核心事業都是設計美麗產品，吸引女性消費者，進而幫助落後國家女性脫貧。兩家公司有志一同，支持不同國家的諸多女性團體，協助女性成功創業。善心世界成立時間比姊妹共創社晚了兩年，但因為得到創投資金挹注，比我們更早擴大營運資本額，所以市場滲透率也快於姊妹共創社。普莉亞．哈吉是一流女行銷，讓善心世界成功打進全國一千五百家零售通路。

而今她決定割讓戰果，若我們拒絕接手，影響所及，與善心世界合作的全球藝匠可能有失業之虞。我拿著電話走到洗手間旁邊的角落，深知自己講話聲已吵到客人，但他們可能既不欣賞我雀躍激動過了頭（與粗口），也不關心我到底開心什麼勁兒。「明早八點半先和普莉亞通電話，搶在她打給全食超市之前，那麼這個交易就敲定了。」提姆吩咐：「還有，我誠心祝福妳們佳節愉快，希望這個消息讓妳今晚的慶功實至名歸。」

我們的確開心慶祝，考慮是否擴大姊妹共創社的通路，進駐善心世界的所有據點，包括全食超市更多的分店、衛格曼食品超市（Wegmans）、塔吉特零售網（Target.com）、賀曼（Hallmark）與迪士尼的店面等等。當晚非常開心，滿腦子擴店的夢想，舉杯敬我們合作的藝匠以及不凡的二〇一〇年。

之前在二〇〇九年七月，我們購併了一家較小的公平貿易公司Gecko Traders，這次合併讓我們信心大增，也為下一次可能需要的購併做好充分準備。金・皮森（Kim Person）經營Gecko Traders已十年，專門進口柬埔寨女性與身障藝工的商品。她為人相當親和，在合併過程中不斷提供意見，因此兩家公司合併後，她的公司和我們幾乎是無縫接軌。

不過購併善心世界是截然不同的情況。首先，善心世界並非一人公司。Gecko Traders規模小但靈活，反觀善心世界，員工多達四十三人，大家負責的業務非常分散。姊妹共創社僅五名員工，雖然西雅圖總部會提供支援，但多半放手讓我們在科羅拉多州自主經營。姊妹共創社因為員工少、業務多，大家好似生了三頭六臂。我身為公司總指揮，負責採購與海外出差等業務，看在外人眼中非常風光，但更常忙於試算表、視訊電話等單調的工作，更別提刷馬桶、倒垃圾等粗工也要我親自出馬。我們沒多久就發現，購併善心世界根本是小蝦米吞大鯨。倉管主任麥可．歐特曼（Mike Aultman）說得一針見血：「妳要怎麼把豬塞到蟒蛇肚裡！」不過照他說法，我們好歹是條蟒蛇而非小蝦米。

周末、睡眠，親自為家人下廚張羅晚餐，和鄰居輪流接送小孩等等，全退居二線，全副心思全用於應付購併善心世界的大小事，努力撐過這段非常時期。善心世界靠的是小攤經營模式（kiosk model）。掛上善心世界招牌、專賣公平貿易商品的小攤，進駐另一家店面。這種店中店模式，成功的讓公平貿易以雷霆萬鈞之姿打進另一家更大的零售通路，攤位佔地雖小，意義卻深遠。一開始，每個小攤由商家（善心世界的員工）經營管理，負責控制商品陳列，給人耳目一新的感覺，同時將滯銷品下架，送回總部倉庫。過了一陣子，小攤與善心世界總部都不堪微薄獲利造成的財務壓力，庫存過多成了善心世界營運模式的致命傷。我們雖明白各種挑戰，但姊妹共創社無法不接手善心世界留下的事業，希望能擴大我們旗下女藝匠的工作機會。善心世界有一流的顧客，傑出的行銷人員（購併後將在我們公司續任），也肩負和我們一樣促進公平貿易的使命。更棒的是，姊妹共創社受到善心世界老顧客群肯定。購併期間，全食超市等結盟夥伴不僅全力支援也極具耐心。等到各地零售據點的小攤卸下舊招牌，改以姊妹共創社的品牌重新出發後，姊妹共創社的名字突然出現在我們之前從未涉足的新地點。我們提高對藝匠的採購數量，從幾百件驟增到幾千件，我幾乎可以從電子郵件的收件匣聽到全球藝匠爆出的歡呼聲。

我不介意因為飲食不當而胖了二．三公斤，不在乎因為犧牲睡眠冒出眼袋，不理會三個月沒上美容院整理頭髮而新增的分岔髮尾，一切以購併事業為優先。這也是為什麼，我遲至二〇一〇年一月十二日才在廚房流理台匆忙寫賀卡，祝福住在伊利諾州的弟弟亞當生日快樂。其實他的生日就在一月十二日，但我忙到直到當天才想到買賀卡，趁著在廚房為家人張羅晚餐（只是把現成雞肉拿出來加熱），找出空檔匆忙寫下祝福的話。可以想見，這張賀卡一如我其他各項私人計畫，全部因為在中國餐廳接到那通「要命」電話，不得不延後。

我請小孩在這張會唱出「亞當舅舅是猛男」的生日賀卡上簽名，大家被逗得開懷大笑，這時我瞄了一眼電視，看到ＣＮＮ插播的突發新聞，報導海地發生強震，重創家園，我胸口突然氣悶，電子郵件幾乎是同步收到來信。杜魯絲問我，是否收到任何有關海地朋友的消息，我也問她同樣的問題。我們兩人就在一年前的這個時候一起拜訪海地，當時我丈夫與小孩完全想不通我何以要這麼做。藝匠援助聯盟的執行主任艾爾登．史密斯（Alden Smith）立刻登高一呼，以電子郵件連絡所有和海地藝工有來往的人士，請大家互通訊息，報告海地藝匠平安與否。我呆坐著，盯著ＣＮＮ報導，淚珠滑落臉龐。祈求不要又是海地，不要在我分身乏術的時候，不要是現在。當下我做了唯一正確又立即可行動的事——捐款給遍布海地、有決心、不乏資源、可迅速因應危機的組織：健康合作夥伴（ＰＩＨ）。我發了一封群組郵件，給電子郵件連絡簿裡所有友人，請大家踴躍捐款給ＰＩＨ。大家的確踴躍出錢，接下來是等待消息。

我非常榮幸加入大善公司，而那天晚上更是讓我覺得這輩子最驕傲之事，莫過於成為大善的一分子。短短幾小時，大善的資深專案主任珍妮佛．費蒙（Jennifer Fermon）以及她的團隊成立了賑災專案，所有我們網站上「不只是禮物」的捐款將匯入ＰＩＨ。一如以往，百分之百捐款會直接匯入消費者指定的慈善機構。不到兩周，姊妹共創社的消費者以及大善實體店面通路的客戶共捐了二十五萬美元，支持ＰＩＨ在海地的賑災工作。

姊妹共創社的消費者非常關心全球女性的福祉，讓我印象深刻，但海地這場悲劇，更讓我看到客戶不吝出錢出力的慷慨與俠義，內心大受鼓舞。

強震之後，我尤其擔心友人瑪蓮．阿列特。她的手工肥皂事業，仍在我們去年參觀的太子港三層建物的地下室。有關合作藝匠的安全與下落慢慢地傳來，但是卻一直等不到瑪蓮的消息。我寫了好幾封電郵給她，但石沉大海，毫無回音。終於在一月二十九日，瑪蓮回信了：「我的家人和我都平安無事。謝謝關心與問候。海地與所有人民需要妳們的祈禱與祝福。」兩周之後，瑪蓮告訴我，她和旗下員工將恢復手工皂生產。她寫道：「在此很開心宣布，我們重回工作崗位，手工皂生產沒有受挫。謝謝妳的幫助與支持。」希望與韌性，戰勝逆境。一月十二日地震的新聞讓人飽受打擊，但是每次收到電子郵件或是來電，獲悉友人與藝匠平安無事，都會重新燃起希望。

新聞記者紛紛離開海地，世人關心下一個重大事件，海地人重拾工作。餘震雖然不斷，不過和我們合作的女性沒有因此亂了生活步調，重新恢復正常生活。一如和我們合作的所有堅強女性，賺錢維持生計、開心過生活、戰勝逆境、克服貧窮等等。我們也一樣，繼續幫助女藝匠開拓市場，增設擺攤的新據點。

致謝詞

身為母親，我很認同一句非洲諺語：「集合整村的力量才能養大一個孩子。」對姊妹共創社和撰寫本書而言也是如此。我們集結全球許多村落的支持，才得以拉拔姊妹共創社，從個人夢想變成影響無數婦女生活的經濟輔助組織。我很榮幸有機會感謝一路上助我一臂之力的每個人。

首先，非常感謝對我最重要的家人，尤其是我丈夫布萊德，謝謝你擔任我的商業顧問兼我最好的朋友。感謝孩子們，達科塔、凱莉安和艾莉，謝謝你們支持我、愛著我，讓我建立、擴大姊妹共創社的版圖，即便那意味，有時我必須離家前往遠在半個地球之外的地方。感謝我的父母史蒂夫和黛安，謝謝你們教導我相信我可以完成任何事情。媽媽，我還要感謝妳陪我踏上旅途，妳是完美的夥伴！感謝我的祖父克拉克，教導我企業家精神（也許還有變得像你一樣，有點強硬），也謝謝我的祖母艾琳，讓我此生始終感到自己獨一無二。我也感謝我的公婆吉姆和布蘭達，謝謝你們溫暖地接納我到你們家，也樹立樂善好施、榮耀上帝的卓越生命典範。

對於來自世界各地的姊妹共創社夥伴、藝匠，我想致上我的愛、感謝和敬佩之意，即便在生活中處處面臨我們難以想像的挑戰，妳們仍勇敢面對。妳們為自己、孩子和社區脫離貧窮所付出的心力，每天都鼓舞著我。我也要對所有曾為姊妹共創社製作產品的女藝匠致上最深的謝意，不管是縫紉、串珠、金屬製品、編織、鉤編、繡工、上色、量產、鑄造、混合、裝箱或貼上標籤，每個環節都很重要。我還要特別感謝所有曾和我分享生命故事的人，尤其是我的好友卡莉米、安妮塔、阿胡嘉、整個克德紀家族、哈里亞迪（Nawangsarie Harryadi）、波特芬、德・西瓦、韋伯格（Kelly Weinberger）、基塔、坎克切、塞倫、蘇珊・普里斯卡（Susan Prisca）、愛德華・普里斯卡（Edward Prisca）、查爾斯（Charles），以及其他合作夥伴，有了你們的故事，這本書才得以順利成書。

誠摯感謝在我的「村落」裡幫助我實現姊妹共創社夢想的好朋友。謝謝歐夏（Courtney O'Shea）設計出很好的品牌標識，讓姊妹共創社順利起步，也謝謝妳為之後其他企劃付出的心力。感謝羅賓・喬治友情相挺，在我提供的微薄預算下依舊拍出傑出的照片（還要謝謝妳，在第一本型錄中被我強迫身兼攝影師和模特兒）。謝謝我最好的姊妹們協助承辦無數場活動、打包裝箱、寄明信片、照顧我的孩子，還購買許多女藝匠製作的公平貿易飾品，妳們的消費量遠超出一般女子的需求。

感謝所有提供自宅舉辦居家派對的朋友，這對當時仍在草創期的姊妹共創社至關重要，得以順利奠基。我也想對志願擔任型錄模特兒的里多（Sabryna Liddle）等人，以及讓我們以皮包代替現金支付貨款的曼斯菲爾（Meridith Mansfield）致謝。謝謝我高中以來最要好的朋友伊曼

（Dana Inman）和我大學時期的好友戈柏（Ann Gobel），妳們堅貞不渝的友情和毫不吝嗇的笑顏一直陪伴著我——還有那個《風格》雜誌的安排也相當不錯！

謝謝許多大小店家販售姊妹共創社的商品，並特別感謝全食超市，在第一時間指導我們如何把商品賣給零售通路。我還要特別向川普立和歐格貝致謝，因為川普立發掘了我們，而歐格貝則選擇給我們一次機會。我也要謝謝在非洲女性教育運動、女人幫女人國際友會、友誼之橋、皮爾森（Kim Person）、譚明、柯摩基金會，以及亞曼尼Exchange技術團隊等單位任職的所有人。

謝謝我的好友兼同事昆寧，你在我們消弭婦女貧窮的努力中看到獨特之處，並邀請我們加入大善公司，能夠與你和致力改變世界的美國大善基金會同仁共事是一種榮幸。還要感謝在西雅圖和我密切合作的同事，特別感謝歐特曼，以及你手下負責管理我們倉庫的團隊，尤其是尚恩（Sean）、山姆（Sam）和陶德（Todd），若沒有你們，很多工作都無法順利進行。謝謝這些年來所有我們招待過，以及與我們合作過的婦女團體、教堂和每個人。我要感謝曾報導姊妹共創社故事的媒體，特別感謝《歐普拉雜誌》的歐文斯和歐（O），並特別向所有姊妹共創社的顧客致謝。在這幾頁短少的篇幅中，我無法一一列出所有曾購買產品、擔任志工、幫助宣揚我們理念的支持者，但請記得你們才是真正做出改變的人，並請相信我，我知道你們每一個人。我手上有所有支持者的名單。

在一個大家稱作紐約市的小「村莊」裡，我的一群朋友堅信我的故事可以出版成冊，我想為此感謝你們。特別感謝我的文稿代理人阿布凱梅爾（Laurie Abkemeier），妳是最好的拉拉隊員、支持者、商業顧問、諮詢者和朋友。謝謝妳相信這本書以及此書擁護的婦女。謝謝人好又聰穎的編輯阿蓋瑞斯，感謝妳形塑出本書的精華，讓每個與我們合作的婦女都在最明亮的聚光燈下閃耀。妳付出的時間、精力，和富巧思的編排都很重要，也值得讚許。能和妳合作既是一種榮耀也是一種樂趣。

最後，對所有從過去到現在持續支持我的工作人員而言，單純的感謝根本不夠。你們為我們的婦女夥伴全心全意付出且努力奉獻。我也謝謝你們容忍、體諒我和我追求完美的嚴苛要求。感謝辦公室裡投入大量心血的工作團隊，我對你們的感謝無法用任何方法估量。謝謝艾文斯（Alison Evans）擔任我的左手，我很幸運能招募到如此天賦洋溢、賣力奉獻的朋友，幫我分擔工作。我也要謝謝我的右手瑪麗麥可，感謝妳一路如親生姊妹般扶持我。從地下室、巴塞隆納，一直到亞提特蘭湖岸，最後返回我們那幾張雜亂不堪的辦公桌前，一路上每一步妳都伴著我和我們想要幫助的婦女。雖然我們的母親不是同一人，但妳就是我的姊妹，一個真正的姊妹淘，能夠稱妳為我的摯友是我的幸福、我的喜樂。

REVOL ⓪③

窮人村的姊妹創業家

Global Girlfriends: How One Mom Made it Her Business to Help Women in Poverty Worldwide

作者—史黛西・艾德格（Stacey Edgar）
譯者—鍾玉玨
主編—李筱婷
執行編輯—張啟淵
美術設計—王璽安
執行企劃—劉凱瑛
董事長
總經理—趙政岷
總編輯—余宜芳
出版者—時報文化出版企業股份有限公司
10803台北市和平西路三段二四〇號四樓
發行專線—（〇二）二三〇六—六八四二
讀者服務專線—〇八〇〇—二三一—七〇五
（〇二）二三〇四—七一〇三
讀者服務傳真—（〇二）二三〇四—六八五八
郵撥—一九三四四七二四時報文化出版公司
信箱—台北郵政七九～九九信箱
時報悅讀網—http://www.readingtimes.com.tw
電子郵箱—history@readingtimes.com.tw
法律顧問—理律法律事務所 陳長文律師、李念祖律師
印刷—勁達印刷有限公司
初版一刷—二〇一四年七月十一日
定價—新台幣三二〇元
⊙行政院新聞局局版北市業字第八〇號
版權所有 翻印必究
（缺頁或破損的書，請寄回更換）

國家圖書館出版品預行編目（CIP）資料

窮人村的姊妹創業家 / 史黛西・艾德格（Stacey Edgar）著；鍾玉玨
譯. -- 初版. -- 臺北市：時報文化, 2014.07
面； 公分. --（Revol；3）
譯自：Global Girlfriends: How One Mom Made it Her Business to Help Women in Poverty Worldwide
ISBN 978-957-13-6009-6（平裝）

1.服飾業 2.創業 3.女性 4.開發中國家

488.9 103011834

Global Girlfriends: How One Mom Made it Her Business to Help Women in Poverty Worldwide
Copyright © 2011 by Stacey Edgar
This edition arranged with DeFiore and Company Services LLC.
through Andrew Nurnberg Associates International Limited
Complex Chinese Translation Copyright © 2014 by China Times Publishing Company
All rights reserved.

ISBN 978-957-13-6009-6
Printed in Taiwan

文化的力量

REV.

改變全世界